AF544194

EUL
VERLAG

MARKETING

Herausgegeben von Prof. Dr. Heribert Gierl, Augsburg, Prof. Dr. Roland Helm, Regensburg, Prof. Dr. Frank Huber, Mainz, und Prof. Dr. Henrik Sattler, Hamburg

Band 70
Frank Huber, Eva Appelmann und Michael Lenzen
Pay-What-You-Want – Konsumentenmotive freiwilliger Zahlungen im Rahmen partizipativer Preismechanismen
Lohmar – Köln 2016 • 132 S. • € 43,- (D) • ISBN 978-3-8441-0448-6

Band 71
Frank Huber, Frederik Meyer, Julia Hamprecht und Jasmin Fabian
Adaption gesellschaftlicher Trends durch Markentransfers – Eine empirische Analyse zur Identifikation relevanter Stellhebel für die Imageaktualisierung
Lohmar – Köln 2016 • 180 S. • € 48,- (D) • ISBN 978-3-8441-0449-3

Band 72
Frank Huber, Anita Eisele und Lea Maria Demmer
Der ambivalente Konsument – Eine empirische Analyse zur Entstehung gemischter Gefühle im Kaufprozess
Lohmar – Köln 2016 • 132 S. • € 43,- (D) • ISBN 978-3-8441-0453-0

Band 73
Frank Huber, Cecile Kornmann und Elif Köksecen
Kulturbasierte Präferenzunterschiede im Kaufentscheidungsprozess – Eine vergleichende empirische Studie am Beispiel türkischstämmiger Migranten in Deutschland
Lohmar – Köln 2016 • 120 S. • € 42,- (D) • ISBN 978-3-8441-0454-7

Band 74
Frank Huber, Frederik Meyer und Stefanie Muth
Privatsphäre-Besorgnis bei Retargeting-Anzeigen – Eine kausalanalytische Studie am Beispiel von Schuhmarken
Lohmar – Köln 2016 • 128 S. • € 42,- (D) • ISBN 978-3-8441-0455-4

JOSEF EUL VERLAG

Reihe: Marketing · Band 74

Herausgegeben von Prof. Dr. Heribert Gierl, Augsburg, Prof. Dr. Roland Helm, Regensburg, Prof. Dr. Frank Huber, Mainz, und Prof. Dr. Henrik Sattler, Hamburg

Prof. Dr. Frank Huber
Dr. Frederik Meyer
Stefanie Muth

Privatsphäre-Besorgnis bei Retargeting-Anzeigen

Eine kausalanalytische Studie am Beispiel von Schuhmarken

Bibliografische Information der Deutschen Nationalbibliothek

Die Deutsche Nationalbibliothek verzeichnet diese Publikation in der Deutschen Nationalbibliografie; detaillierte bibliografische Daten sind im Internet über <http://dnb.d-nb.de> abrufbar.

ISBN 978-3-8441-0455-4
1. Auflage April 2016

JOSEF EUL VERLAG GmbH
Brandsberg 6
53797 Lohmar
Tel.: 0 22 05 / 90 10 6-6
Fax: 0 22 05 / 90 10 6-88
E-Mail: info@eul-verlag.de
http://www.eul-verlag.de

Bei der Herstellung unserer Bücher möchten wir die Umwelt schonen. Dieses Buch ist daher auf säurefreiem, 100% chlorfrei gebleichtem, alterungsbeständigem Papier nach DIN 6738 gedruckt.

Vorwort

Für Unternehmen ist zur erfolgreichen Bearbeitung von Märkten der Aufbau von Wissen über die Verbraucher wichtig. Denn nur durch die gezielte Ansprache von Bedürfnissen können Unternehmen heutzutage noch die Aufmerksamkeit von Konsumenten erregen und sich vom Wettbewerb differenzieren. Ein Ansatz zur gezielten Ansprache ist das Retargeting. Hierbei werden Online-Werbeanzeigen eingesetzt, die solche Produkte in den Vordergrund stellen, die ein Verbraucher zuvor aktiv im Internet gesucht hat. Das Interesse des einzelnen Verbrauchers an einem entsprechenden Produkt ist damit identifiziert und gewährleistet. Doch reagieren Konsumenten erfahrungsgemäß mit Skepsis auf solche Maßnahmen, da sie ihre Privatsphäre und den Datenschutz bedroht sehen.

Vor diesem Hintergrund sind Maßnahmen gefragt, die den Unternehmen weiterhin eine personalisierte Ansprache des Interessenten erlauben, gleichzeitig aber zu einer größeren Akzeptanz der Retargeting-Anzeige führen. Entscheidend für die Akzeptanz solcher Maßnahmen sind (1) die Gestaltung der Werbeplattform, auf der die Anzeige geschaltet wird, (2) die Gestaltung der Retargeting-Anzeige und (3) persönliche Charakteristika der Verbraucher. In Abhängigkeit von der Gestaltung von Werbeplattform, Anzeige und individuellen Wesenszügen steigt einerseits das Interesse des Verbrauchers an der Anzeige, andererseits weckt eine Retargeting-Anzeige auch Ängste in Bezug die Verletzung der Privatsphäre.

Trotz der unverkennbaren Potentiale liegen zum Retargeting, insbesondere unter Berücksichtigung des Datenschutzes, bislang kaum empirische Erkenntnisse vor. Mit dem vorliegenden Buch möchten die Autoren diesem Defizit entgegen wirken, indem ein Modell zur Erklärung der Wirkweise von Retargeting-Anzeigen konstruiert und empirisch überprüft wird. Die Ergebnisse liefern Erkenntnisse für Marketingverantwortliche in der Praxis wie auch für die Forschungsgemeinde. Anhand der vorliegenden Befunde werden Handlungsempfehlungen für Theorie und Praxis abgeleitet.

Mainz, im Februar 2016

Frank Huber

Frederik Meyer

Stefanie Muth

Inhaltsverzeichnis

Abbildungsverzeichnis

Tabellenverzeichnis

Abkürzungsverzeichnis

Abs.	Absatz
AGOF	Arbeitsgemeinschaft Online Forschung e.V.
Aufl.	Auflage
bspw.	beispielsweise
BVDW	Bundesverband Digitaler Wirtschaft e.V.
BDGS	Bundesdatenschutzgesetz
bzw.	beziehungsweise
bzgl.	bezüglich
d.h.	das heißt
DNT	Do-not-Track
et al.	et alii
f.	folgende
ff.	fortfolgende
ggü.	gegenüber
H	Hypothese
Hsg.	Herausgeber
Nr.	Nummer
rev.	Reverse
PC	Personal Computer
PLS	Partial Least Squares
S.	Seite
SE	Standardfehler
TKG	Telekommunikationsgesetz
Vgl.	Vergleich
VIF	Varianzinflationsfaktor
Vol.	Volume
vs.	versus
VZ	Vorzeichen
wahrg.	wahrgenommene
z.B.	zum Beispiel

1 Zur Relevanz der Besorgnis gegenüber Retargeting-Anzeigen

Der Aufbau von Wissen über Kunden wird für Unternehmen immer bedeutender (Burmann et al., 2014, S. 57; Lambrecht & Tucker, 2013, S. 562), da es aufgrund von Informationsüberlastung und zunehmend gesättigten Märkten immer schwieriger ist, Nachfrager mittels klassischer und unpersönlicher Kommunikation zum Kauf zu bewegen. Der Aufbau von detailliertem Wissen über Präferenzen, situationsbedingte Bedürfnisse und Wünsche von Konsumenten wird damit zur Herausforderung und Notwendigkeit für das Marketing (Burmann et al., 2014, S. 56). Trends wie Big Data[1] und Fingerprinting[2] prägen deshalb die aktuell von den Marketingexperten entworfenen Zukunftsbilder (Burmann et al., 2014, S. 57). Im Zusammenhang mit diesen Entwicklungen müssen auch Internetauftritte und dargebotene Werbeanzeigen optimal auf die Konsumbedürfnisse ausgerichtet sein.

Beispielhaft lässt sich der Internet-Store Amazon nennen, der seine Webseite bis ins letzte Detail an die Bedürfnisse seiner Nutzer ausrichtet. Der Online-Shop personalisiert seine Webseite für den jeweiligen Nutzer mittels Empfehlungen, die gezielt auf zuletzt gesehenen Produktsuchen abstellen. Dabei werden u.a. Angebote genutzt, die kontextbezogen auf das Suchverhalten des Nutzers abgestimmt sind. Aber auch über die eigene Webseite hinaus können Online-Anbieter ihre Produkte personalisiert mittels Werbeanzeigen vermarkten (Lambrecht & Tucker, 2013, S. 561). Dafür werden verschiedene Targeting-Methoden genutzt (Greve et al., 2011, S. 5), wobei insbesondere dem Retargeting eine große Bedeutung zukommt. Unter Retargeting wird die erneute Ansprache von „verloren" geglaubten Nutzern bezeichnet (BVDW, 2009, S. 4). Zeigt ein Internetnutzer durch den Besuch der Startseite, durch einen Klick auf eine Produktdetailseite oder gar durch das Anlegen eines Warenkorbs Interesse an einem Online-Shop, wird er zeitnah nach Verlassen der Webseite auf die Webseite des Online-Shops zurückgelockt. Dies geschieht durch auf ihn zugeschnittene Werbeanzeigen innerhalb von Nachrichten-Seiten, Social Media-Kanälen oder E-Mail-Portalen. So kann es vorkommen, dass ein Internetnutzer beim Überprüfen seiner Mails via Web-Portal neben seinem Postfach eine Anzeige über zuletzt recherchierte Produkte erhält.

1 Unter „BigData" versteht man den Trend, über Cloud-Services eine großflächige Datensammlung anzulegen (Burmann, et al., 2014, S. 59).

2 Unter „Fingerprinting" versteht man den Ansatz, Internetnutzern über alle Endgeräte zu folgen (Christiansen, 2011, S. 511).

Während Unternehmen sich große Chancen durch die Anwendung von Retargeting ausrechnen, machen Verbraucherschützer immer stärker auf den leichtfertigen Umgang mit persönlichen Daten von Konsumenten aufmerksam (Burmann et al., 2014, S. 57). Seit den NSA-Enthüllungen von Edward Snowden ist das Thema Internetüberwachung ohnehin verstärkt in den Fokus der Öffentlichkeit gerückt (Schmidt & Cohen, 2013, S. 9). Viele Internetnutzer stehen seither der Personalisierung von Online-Werbung noch viel kritischer gegenüber. „Darf ich mal deine Mails lesen?“, fragen folglich die E-Mail-Anbieter GMX, Web.de und Telekom in ihrer Datenschutzkampagne „E-Mail Made in Germany“ etwas provokant (GMX, 2014, [online]). Die Fähigkeit mit persönlichen Informationen von Kunden verantwortungsvoll umzugehen, wird damit zu einem zentralen Erfolgsfaktor der digitalen Kommunikation (Hoffman et al., 1999, S. 85). Insbesondere E-Mail-Portale gehören laut *AGOF* (2013, S. 25) zu den Top-Online-Werbeträgern und stellen somit eines der wichtigsten Werbeumfelder von Retargeting-Anzeigen dar. Das nötige Vertrauen versuchen solche Portale durch Maßnahmen wie die Initiative „E-Mail Made in Germany“ herzustellen. Es stellt sich allerdings die Frage, ob dieses Vertrauen auch auf personalisierte Formen der Marketingkommunikation, wie z.B. das Retargeting, übertragen wird. Müssen vielleicht die Werbeplattformen, auf denen Retargeting-Anzeigen geschaltet werden, datenschutzergreifende Maßnahmen vornehmen? Setzen sich Verbraucher überhaupt mit der Problematik der Personalisierung von Werbeanzeigen auseinander oder ist es ihnen letztlich schlichtweg egal?

Dem Phänomen Retargeting hat die Forschung bislang wenig Beachtung geschenkt (Lambrecht & Tucker, 2013, S. 561 ff.). Lediglich eine Studie bezieht sich indirekt auf die Erfolgswirkung der Personalisierungsstrategie von Werbeanzeigen unter Berücksichtigung des Datenschutzes: Unterschieden werden hier generische und dynamische Werbeanzeigen (Lambrecht & Tucker, 2013, S. 574). Dabei zeigte sich, dass dynamische Anzeigen, also solche in denen das zuvor durch den Nutzer gesuchte Produkt beworben wird, weniger effektiv sind als generische Anzeigen. Bei generischen Anzeigen wird lediglich der zuvor durch den Nutzer besuchte Händler im Ganzen beworben, ohne dass ein konkretes Produkt im Vordergrund steht. Dabei ist die Skepsis der Rezipienten eine mögliche Erklärung, die eben dann als besonders groß zu vermuten ist, wenn ein Verbraucher „zufällig“ mit Produkten konfrontiert wird, nach denen er zuvor gesucht hat. Als eine mögliche Lösung soll in der hier vorliegenden Studie daher des Weiteren untersucht werden, inwiefern Verbraucher mit Vorbehalten reagieren, wenn lediglich ernsthafte Alternativen zur ursprünglich gesuchten Marke präsentiert werden, aber eben nicht die originär gesuchte bzw. betrachtete Marke selbst. Da Konsumenten einen Zusatznutzen aus der spezifischen Persönlichkeit einer Marke ziehen (Biel, 1993, S. 93; Sirgy, 1982, S. 288 ff.), können als ernsthafte Alternativen solche Marken dienen, die im Hinblick auf die Persönlichkeit ähnlich bzw. unähnlich zur ursprünglich betrachteten Marke sind. Für die hier durchgeführte Untersuchung ist folglich von Interesse, ob die Ähnlichkeit der von einem Online-Händler beworbenen Marken zur ursprünglich gesuchten Marke ebenfalls problematisch für die Effektivität von Retargeting-Maßnahmen ist oder ob es ausschließlich das Interesse der Verbraucher steigert und die Effektivität der Anzeige damit erhöht. In Ergänzung zu dieser Wirkgröße soll der Einfluss von drei weiteren Aspekten geprüft werden: (1) die Identifikation des Konsumenten mit der originär gesuchten Marke, (2) eine bereits oben thematisierte Kampagne für den Datenschutz des Anbieters der Online-Werbefläche (z.B. Email-Portal) und (3) die generelle Bedeutung von Privatsphäre für die mit der Retargeting-Anzeige konfrontierten Konsumenten. Letztlich ist von Interesse, inwiefern sich der Nutzer durch seine Klickabsicht wohl auf den Online-Shop zurückführen ließe.

Um Antworten auf die formulierten Fragestellungen zu finden, wird in Kapitel 2 deshalb zunächst ein Einblick in die Grundlagen der personalisierten Werbung gegeben. Anschließend werden zur Klärung des menschlichen Verhaltens in Online-Umgebungen das Risiko und der Nutzen von personalisierter Werbung erläutert. Das subjektiv wahrgenommene Risiko der Interessenten, das durch ihre Bedenken hinsichtlich des Datenschutzes entsteht, wird durch den Begriff der Privatsphäre-Besorgnis konzeptualisiert und genauer untersucht. Zudem erfährt der Zusatznutzen der Markenpersönlichkeit bei Retargeting-Anzeigen eine detaillierte Erörterung. Daran anknüpfend werden in Kapitel 3 theoriegestützt Hypothesen über die Einflussgrößen und mögliche Zusammenhänge herausgearbeitet und somit ein Modell zur Klärung der Forschungsfrage entwickelt. In Kapitel 4 werden die zuvor formulierten Hypothesen schlussendlich mit Hilfe einer empirischen Studie an der Realität überprüft. Letztlich erfolgt die Formulierung von Handlungsempfehlungen für die Marketingtheorie und -praxis. Das Kapitel 5 schließt die Untersuchung mit einer kurzen Zusammenfassung ab.

2 Konzeptionelle Grundlagen zu Retargeting

2.1 Grundlagen zu personalisierter Werbung

2.1.1 Abgrenzung des Begriffs Personalisierung

In der sozialwissenschaftlichen Literatur existieren verschiedene Ansätze der Personalisierung, die im Folgenden erläutern werden. Retargeting wird letztlich als eine Form der „One-to-One Personalisierung“ definiert und stellt so eine besondere Form der personalisierten Werbung dar. Die Personalisierung der Anzeige kommt dadurch zustande, dass sich die werbliche Ansprache gezielt an den Produktwünschen des Nutzers orientiert. Diese Produktwünsche hat der Nutzer durch den Besuch der Startseite eines Online-Shops, durch einen Klick auf eine Produktdetailseite oder durch das Anlegen eines Warenkorbs offengelegt.

Die Risiken und die Nutzenstiftung, die durch personalisierte Werbung entstehen können, lassen sich mit Hilfe ausgewählter Theorien herleiten. Im Mittelpunkt steht hierbei zum einen die Principal Agent Theory, die erklärt, welchen Risiken die Beziehung von Webseitenbetreibern und Internetnutzern beim allgemeinen Informationsaustausch innerhalb von Online-Umgebungen ausgesetzt ist. Zum anderen ist dies der Privacy Calculus, der aufzeigt, dass Internetnutzer bei der Beurteilung von personalisierten Werbeanzeigen eine Risiko-Nutzen-Analyse vornehmen. Daraus abgeleitet sollen Vor- und Nachteile von personalisierten Werbeanzeigen eine Erörterung erfahren. Als Risikofaktor und Nachteil gilt vor allem die Angst vor Eingriffen in die Privatsphäre durch den Werbetreibenden. Um die Risiken personalisierter Werbung detaillierter zu erläutern, werden verschiedene Personengruppen skizziert, die unterschiedliche Anforderungen an ihre Privatsphäre haben.

Im Marketing wird unter Personalisierung die Idee verstanden, das richtige Produkt bzw. die richtige Dienstleistung zur richtigen Zeit am richtigen Ort dem richtigen Konsumenten anzubieten (Sunikka & Bragge, 2012, S. 1050). Personalisierung ist im Marketing nicht länger ein Novum (Stewartt und Ward, 1994), schon im klassischen Relationship Marketing finden sich die Ursprünge der individualisierten Ansprache (Crosby et al., 1990, S. 77). Grüßt ein Verkäufer seinen Kunden mit Namen und weiß er, welche Produkte sein Kunde zuletzt bei ihm eingekauft hat, so kann er ihm gezielte Vorschläge zu Neuprodukten unterbreiten. Aufgrund der rasanten Entwicklung der Informations- und Kommunikationstechnologie haben sich jedoch große Möglichkeiten zur Sammlung und Analyse von Konsumentendaten aufgetan (Sunikka & Bragge, 2012, S. 10049). Daraus resultieren wiederum eine Vielzahl von Personalisierungsstrategien (Sunikka & Bragge, 2012, S. 10049), die in den Unternehmen zum Einsatz kommen. Forscher, die sich mit dem Phänomen Personalisierung beschäftigt haben, nennen Begriffe wie Individualisierung (Riemer & Trotz, 2001, S. 35f.), Segmentierung (Smith, 1956, S. 5), Targeting, Profiling, Customization und One-to-One Marketing (Peppers & Rogers, 1997) oft synonym. *Smith* geht in seiner Definition (1956, S. 5) davon aus, dass die Personalisierung eine Art der Marktsegmentierung darstellt, bei der es darum geht, den gesamten Markt als eine heterogene Zusammenstellung mehrerer homogener Märkte zu sehen. Für den Erfolg einer Unternehmung ist es nun wichtig, die in den homogenen Märkten existierenden Nachfragerwünsche mit entsprechenden Produkten zufriedenzustellen.

Obwohl die Grenzen zwischen den Bezeichnungen fließend erscheinen, muss der Begriff „Personalization“ von dem Ausdruck „Customization“ eine Abgrenzung erfahren (Sunnika & Bragge, 2012, S. 10054). In der Mehrzahl der Fälle bringt der Begriff „Customization“ im Vergleich zum Term „Personalization“ eine stärkere Form der Individualisierung zum Ausdruck (Cöner, 2003, S. 498; Montgomery & Smith, 2009, S. 130; Roberts, 2003, S. 462). Die in Tabelle 1, auf der Basis einer umfangreichen Literatursichtung, aufbereitete Struktur (*Sunikka* und *Bragge*, 2012, S. 10054) dient sowohl dem besseren Verständnis des Begriffs Personalisierung als auch der Abgrenzung gegenüber dem Ausdruck „Customization“.

<table>
<tr><th>Personalisierung</th><th colspan="2">Immaterielle Güter
(Webinhalte, -services)</th><th>Materielle Güter
(Produkte)</th></tr>
<tr><td>Adressat
Absender</td><td>Individuum</td><td>Gruppe</td><td>Individuum + Gruppe</td></tr>
<tr><td>Nutzer</td><td>(Web) Customization</td><td>Collaborative Customization</td><td rowspan="2">Mass Customization</td></tr>
<tr><td>System</td><td>One-to-one Personalization</td><td>Mass Personalization</td></tr>
</table>

Tabelle 1: Abgrenzung von Begriffen zur Personalisierung[3]

„Personalization“ resultiert aus einem automatisierten Anpassungsprozess, wohingegen „Customization“ eine vom Nutzer initiierte Tätigkeit ist (Ho, 2006, S. 44). Und auch die Kontrolle über die automatisierte Anpassung liegt bei der Personalisierung beim Unternehmen bzw. dem System und beim „Customizaiton“ beim Nutzer (Wind & Rangaswamy, 2001, S.

[3] In Anlehnung an Sunikka & Bragge, 2012, S. 10054.

15). Konkret bezeichnet daher Personalisierung die Anpassung von Informationen, Produkten, Angeboten, Leistungen oder Teilen einer Webseite (immaterieller Güter) an die Bedürfnisse einzelner, identifizierter Kunden oder Kundengruppen durch den Anbieter (Sunikka & Bragge, 2012, S. 10054). Handelt es sich um die durch den Verbraucher gesteuerte Individualisierung von Leistungen, insbesondere physischer Produkte (aber auch) Dienstleistungen, so wird von „Mass Customization" gesprochen (Piller & Meier, 2001, S. 13 ff.). Wenn also ein Anbieter das Angebot an einen Kunden spezifisch anpasst, indem dieser auf über diesen Kunden vorhandene Informationen zurückgreift, wird dies als Personalization bezeichnet. Wenn der Kunde selbst ein Produkt anpasst bzw. diese Anpassung in Auftrag gibt, um letztlich ein individuell auf sich zugeschnittenes Produkt zu erhalten, so wird dies als Customization verstanden.

10.10.2011, 09:30

Werden Sie Teil der kicker-Community!

In unserer kicker-Community finden Sie zahlreiche Features, die das Knüpfen und Pflegen neuer (Fan-)Freundschaften erleichtern sowie eine Plattform für fachlichen Meinungsaustausch zu Fußball- bzw. Sportthemen bieten soll. Klicken Sie sich durch und überzeugen Sie sich von den Möglichkeiten, die Ihnen unser System bietet.

In der kicker-Community haben alle User die Möglichkeit, ihre eigene personalisierte Startseite nach den eigenen individuellen Interessen zu gestalten. Hierfür stehen etliche kicker-spezifische Boxen zur Verfügung, die jederzeit auf die Seite genommen bzw. von dieser entfernt werden können.

Repräsentiert werden die einzelnen Community-Mitglieder durch eine Visitenkarte, bestehend aus einem selbst hochgeladenen Foto, Nickname, Ort sowie Mitgliedsstatistiken. Das eigene Profil ist in die Punkte Spielerpass, Persönliches und Freunde unterteilt. Im Spielerpass können Sie Lieblingsverein, Lieblingsspieler angeben, sowie ein komplettes Dream Team nach Ihren Wünschen bestücken. Zudem werden Ihre eigenen sportlichen Aktivitäten hier festgehalten.

Abbildung 1: Ankündigung zur personalisierten Startseite auf kicker.de

Eine vom Nutzer angestoßene Layout- oder Inhaltsanpassung einer Webseite wird „(Web) Customization“, „User-Driven Personalization“ oder „Adaptibility“ genannt (Sunikka & Bragge, 2012, S. 10054; Tam & Ho, 2006, S. 890; Frias-Martinz et al., 2009, S. 48). Hierfür ist die Webseite „kicker.de“ ein Beispiel, auf der Nutzer ihre Lieblingsmannschaften auswählen können und ihnen daraufhin ausschließlich Nachrichten und Spielberichte dieser Mannschaft angezeigt werden.

Einen recht neuen Ansatz des Customizing bezeichnen *Sunikka* und *Bragge* (2012, S. 10054) als „Collaborative Customization“. Das Relationship-Marketing geht hier z.B. von einer Dienstleistung aus, bei der die Anpassung der Leistung durch den direkten Dialog des Konsumenten mit dem Verkäufer entsteht (Shamdasani & Balakrishnan, 2000, S. 399 ff.). In der Online-Umgebung entscheiden Nutzer kollektiv, wie ihnen Webseiteninhalte angezeigt werden sollen. Ein Beispiel dieser Bewegung aus dem E-Commerce-Bereich findet sich in der Musikindustrie. Hier ist *Pandora* zu nennen, ein personalisiertes Musik-Empfehlungssystem, bei dem Nutzer ein Lied durch das simple Prinzip „Daumen hoch“ und „Daumen runter“ auswählen und ihnen dann eine Musikliste zusammengestellt wird, die sich aus ähnlichen Liedern zusammensetzt. Der Nutzer kann jederzeit die Musikliste um eigene Lieder erweitern oder vorgeschlagene ablehnen (Montgomery & Smith, 2009, S. 133).

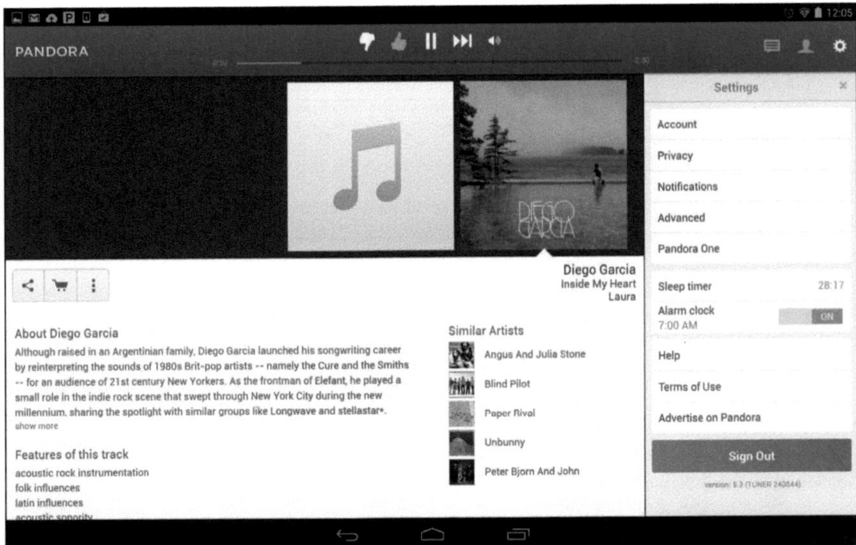

Abbildung 2: Screenshot des Musik-Empfehlungssystems *Pandora*

Wird die Personalisierungsstrategie an nur eine Person ausgerichtet, erfolgt eine „One-to-One Personalization“, „Transaction-Driven Personalization“ oder auch „Adaptivity“ (Sunikka & Bragge, 2012, S. 10054; Tam & Ho, 2006, S. 890; Frias-Martinz et al., 2009, S. 48). Adaptivity stellt eine automatisierte Webseitenanpassung für jeden individuellen Nutzer dar und ist gleichzeitig der Rahmen für die in dieser Arbeit untersuchte Personalisierungsmethode des Retargetings. Die Strategie des Adaptivity kommt bspw. dann zur Anwendung, wenn sich ein Nutzer auf der Webseite eines Reiseanbieters über Pauschalreisen nach Spanien informiert und beim nächsten Besuch einer anderen Webseite individuelle Anzeigen für ausschließlich dieses Urlaubsgebiet erhält. Eine Automatisierung für eine ganze Gruppe stellt die „Mass Personalization“ dar. *Kwon et al.* (2010, S. 2238) behaupten, dass die „One-to-One Personalisierung“ von Inhalten für den Nutzer keinen größeren Mehrwert verglichen mit der „One-to-N Personalisierung“ bringen.[4] Für sie stellt eine Marktsegmentierung eine gute Alternative zur zur „One-to-One Personalisierung“ dar, weil sie weniger Zeit, Kosten und Aufwand erfordert (Kwon et al., 2010, S. 2238). Mass-Personalization ist zwar zielgruppenorientiert, meidet jedoch die genaue Analyse des jeweiligen Nutzers. Somit ist die One-to-One-Personalisierung zwar in vielen Fällen tatsächlich aufwendiger, aber dafür auch wesentlich individueller und relativ vorteilhaft.

2.1.2 Retargeting als eine Form der One-to-One Personalisierung

Retargeting[5] ist für Werbungtreibende mittlerweile ein durchaus bekanntes Online-Marketing-Tool (Kollel, 2011, S. 353). Laut *BVDW* (2009, S. 4) bedeutet Retargeting *„die Auslieferung eines Werbemittels an eine Nutzergruppe, die schon einmal eine bestimmte Aktion (zum Beispiel Klick auf ein bestimmtes Werbemittel, Onlinebestellung) getätigt hat.“* Eine nicht-repräsentative Studie des Bundesverbandes Digitale Wirtschaft e.V. (BVDW, 2011, [online]) gibt an, dass bereits 79% der Werbetreibenden Retargeting-Maßnahmen nutzen, um verloren geglaubte Internetnutzer erneut anzusprechen. Von den 21% der Studienteilnehmer, die bislang kein Retargeting einsetzen, wollen 79% in naher Zukunft damit beginnen. Die Optimierung von Retargeting-Maßnahmen wird für viele Werbetreibende und Retargeting-Anbieter also eine unabdingbare Herausforderung, um dessen Potential voll ausschöpfen zu können (Kolell, 2011, S.353). Empirisch ist der Erfolg von Retargeting-Maßnahmen bisher kaum

---

4 „One-to-N Personalisierung“ ist gleich zu setzen mit der „Mass Personalization“.

5 Google bezeichnet Retargeting auch als Remarketing(Google, 2014, [online]).

nachgewiesen worden, allerdings ist dies wohl auch der Neuartigkeit der Technologie geschuldet (Lambrecht & Tucker, 2013, S. 546).

Die Ursprünge des Online-Targetings werden von einem Teil der Forscher bereits in der Verwendung des wohl ersten Online-Werbebanners im Jahre 1994 gesehen (Kuß, 2006, S. 240; Greve et al., 2011, S. 10).[6] Im Unterschied allerdings zu klassischen Werbebannern werden Targeting-Anzeigen gezielt auf die persönlichen Interessen von Internetnutzern ausgerichtet und im Fall von Retargeting sogar auf jeden individuellen Nutzer (sprich per One-to-One Personalisierung) zugeschnitten (Sunikka & Bragge, 2012, S. 10054).

Im Allgemeinen wird unter Targeting eine automatisierte und zielgerichtete Adressierung von Werbemitteln anhand verschiedener Parameter verstanden, mit dem Ziel Streuverluste zu reduzieren (BVDW, 2010, S. 2). Kommt das Targeting als Werbestrategie zum Einsatz, dann lassen sich die das Unternehmen interessierenden „Targets" (Zielgruppen) anhand von unterschiedlichen Kriterien segmentieren (Greve et al., 2011, S. 11 ff.). Im Vergleich zum klassischen Targeting unterscheiden sich diese Kriterien bei Retargeting-Anzeigen in vielerlei Hinsicht (Kolell, 2011, S. 353). Kommen beim klassischen Targeting Zielgruppensegmentierungen auf Basis demografischer wie bspw. Alter, Geschlecht und Postleitzahl oder technische Kriterien wie Bandbreite oder verwendeter Browser zur Anwendung, werden diese Merkmale in jüngster Zeit durch das Surf-, Klick- oder auch Kaufverhalten ergänzt (Greve et al., 2011, S. 10). Bei dieser umfangreichen Form der Zielgruppenselektion spricht man von profilbasiertem Targeting. Retargeting stellt eine Unterform des profilbasierten Targetings dar (Kolell, 2011, S. 354).

Konzipiert wird eine Retargeting-Kampagne vorwiegend von Online-Vermarktern, sogenannten „Advertising Networks", die im Auftrag eines werbetreibenden Unternehmens die dafür notwendigen Maßnahmen ergreifen (Lambrecht & Tucker, 2013, S. 564). „Advertising Networks" kümmern sich um den Ein- und Verkauf von diversen Online-Werbeflächen und stellen somit den Link zwischen Werbetreibenden und Web-Publishern her, die die Werbefläche für Retargeting-Anzeigen zur Verfügung stellen (Lambrecht & Tucker, 2013, S. 564). Dabei sprechen werbetreibende Onlinehändler den „Advertising Networks" (Drittparteien) die Er-

[6] Das erste Werbebanner wurde am 24.10.1994 von AT&T auf der Seite www.Hotwired.com gestaltet. Hotwired ist ein US-amerikanisches Online-Magazin (Kuß, 2006, S. 240).

laubnis aus, kleine Textdateien, sogenannte Cookies, in die Internetbrowser ihrer Webseitennutzer zu setzen. Mit Hilfe dieser Cookies, die Daten zu Produktkategorien und Produkten, für die sich der Webseitennutzer interessiert hat, sowie Produkte, die vom Besucher in den Warenkorb gelegt oder gekauft wurden, speichern (Kolell, 2011, S. 354), gelingt es den „Advertising Networks" das Nutzerverhalten zu verfolgen. Auf Grundlage des Nutzungsverhaltens platzieren sie personalisierte Anzeigen für ihre Nutzer auch auf fremden Webseiten (Miyazaki, 2008, S. 20). Der Vorteil von „Advertising Networks" besteht darin, dass Werbetreibende sich nicht um die Kommunikation mit einer großen Zahl an Web-Publishern kümmern müssen, was letztlich die Effizienz der Online-Werbevermarktung signifikant verbessert (Lambrecht & Tucker, 2013, S. 564).

In der Forschung haben sich bisher lediglich zwei Autoren mit dem Phänomen Retargeting auseinander gesetzt (*Lambrecht & Tucker,* 2013, S. 562 ff.). *Lambrecht* und *Tucker* (2013) machen eine grundlegende Unterscheidung zwischen personalisierten Recommender Systemen und dynamischem Retargeting: „personalized recommendation systems *were designed to sell to consumers who are engaged enough to return to a firm's website.* Dynamic retargeting, *in contrast, is designed to engage people who have not yet returned to a firm's website.*" (Lambrecht & Tucker, 2013, S. 562). Sie grenzen zudem noch generisches von dynamischem Retargeting ab, wobei bei *generischem Retargeting* eine allgemeine Nutzeransprache zu einem Thema erfolgt (z.B. eine allgemeine Anzeige zu einem Online-Reiseunternehmen). Sobald ein Nutzer ein Produkt angesehen hat, kommt das *dynamische Retargeting* zum Einsatz. Dieses stellt bereits gesehene Produkte eines Nutzers mit anderen verwandten Produkten im gleichen Werbebanner dar. Beispielhaft könnte sich der Nutzer über das Radisson Blue Hotel in Barcelona informiert haben und erhält nun eine Werbeanzeige, die eben dieses Hotel neben dem Grand Hotel Central in Barcelona visualisiert. Ergebnisse ihrer Studie haben gezeigt, dass dynamische Werbeanzeigen im Durchschnitt weniger effektiv sind als generische, es sei denn, ein Nutzer hat zu seiner Produktsuche bereits Preisvergleiche angestellt und eine Präferenz definiert. In diesem Fall steht er dynamischen Anzeigen sehr viel aufgeschlossener gegenüber (Lambrecht & Tucker, 2013, S. 574).

2.2 Ansätze zur Erklärung menschlichen Verhaltens in Online-Umgebungen

2.2.1 Principal Agency Theory

Da Internetnutzer bei Retargeting-Maßnahmen eine gewisse Intransparenz wahrnehmen, sollen nun zwei in dieser Hinsicht relevante Ansätze vorgestellt werden, die sich zur Erklärung der resultierenden Unsicherheit eignen: die Principal Agency Theory und die Privacy Calculus Theory.

Ursprünglich stammt die Prinzipal-Agent-Perspektive aus der Käufer-Verkäufer-Beziehung (Bergen et al., 1992, S.1), wobei Käufer die Rolle der Prinzipale einnehmen und Verkäufer die Agenten darstellen. Dabei wird unterstellt, dass Käufer (Prinzipale) und Verkäufer (Agenten) opportunistisch handeln und unterschiedliche Ziele verfolgen (Pavlou et al., 2007, S. 109). Innerhalb dieser Beziehung besteht das Risiko (Ungewissheit), dass der Agent im Eigeninteresse und somit nicht im Interesse des Prinzipals arbeitet. Ungewissheit entsteht immer dann, wenn Käufer das Verhalten der Verkäufer nicht vollständig überwachen können (Akerlof, 1970, S. 488 ff.). Ergebnis dieser Ungewissheit ist zum einen das Informationsproblem der *Adversen Selektion* (Akerhof, 1970, S. 491) und zum anderen das *Moral Hazard Problem* (Rothschild & Stiglitz, 1976, S. 642). Die Adverse Selektion entsteht typischerweise bevor ein Käufer mit einem Verkäufer einen Vertrag eingeht (pre-contractual problem) und beschreibt die Unsicherheit, die ein Käufer gegenüber der Qualität und der Ehrlichkeit eines Verkäufers und seiner Produkte hegt (Akerhof, 1970, S. 493). Das Moral Hazard Problem entsteht nach Abschluss eines Vertrages (post-contractual problem), wenn ein Verkäufer sich nicht an Vertragsabsprachen hält bzw. bewusst gegen diese verstößt (Jensen & Meckling, 1976, S. 323). Im Relationship-Marketing würde eine solche Situation eintreten, wenn ein Verkäufer eine Bezahlung erhält, aber das versprochene Produkt nicht ausliefert oder er ein Produkt verschickt, das nicht dem beworbenen Produkt entspricht (z.B. mit einer niedrigeren Qualität oder gefälscht oder auch defekt) oder aber das Produkt nicht zum richtigen Zeitpunkt geliefert wird (Pavlou et al., 2007, S. 108). Die Probleme der Adversen Selektion und des Moral Hazards sind dabei kongruent. Selbst wenn ein Prinzipal (Käufer) das Problem der Adversen Selektion umgeht, indem er einen entsprechenden Agenten wählt, kann er trotz allem in der Nachvertragsphase enttäuscht werden (Pavlou et al, 2007, S. 110). So bleibt generell zu beachten, dass die Vorvertragsphase von den Erwartungen der Nachvertragsphase beeinflusst wird.

Die vorliegende Arbeit beschäftigt sich mit der Käufer-Verkäufer-Beziehung in Onlineumgebungen. Daher wird der Blick auf die Adaptierung der Principal Agency Theory im Rahmen des Online-Marketings greichtet. Neben monetären Verlustängsten kommen bei Onlinegeschäften immer auch Bedenken im Hinblick auf Privatsphäre hinzu.[7] Der Onlinekäufer muss für eine Transaktion eine Menge an personenbezogenen (Name, Adresse, E-Mail usw.) und finanziellen Daten (Kreditkartennummer, IBAN usw.) preisgeben, die vom Onlineanbieter missbraucht werden können (Li, 2012, S. 472). Verkauft ein Onlineanbieter Kundendaten an Partner oder schützt er persönliche Daten nicht vor dem Zugriff anderer, ist der Onlinekäufer zu Recht in seiner Privatsphäre bedroht (Pavlou et al., 2007, S. 108). Im Sinne der Informationsökonomie tritt deshalb Unsicherheit bei Internet-Käufen in zwei Formen auf (Ahlert et al., 2007, S. 15). Sie tritt zum einen in exogener Form auf, die durch die Technologie eines Informationssystems selbst verursacht wird und zum anderen in endogener Form als Verhaltensunsicherheit über den Internet-Anbieter und als Qualitätsunsicherheit über dessen Produkte- und Dienstleistungen (Ahlert et al. 2007, S. 15). Die erste Ausprägung geht auf Sicherheitsrisiken innerhalb des Internet zurück (Flavián & Guinalíu, 2006, S. 604). Sicherheitsrisiken betreffen den technischen Aspekt eines Informationssystems und stellen dessen Rechtschaffenheit aufgrund des möglichen Zugangs von Dritten in Frage, z.B. Hacker, Spam, Viren (Flavián & Guinalíu, 2006, S. 604). Die zweite Unsicherheit hingegen geht vom Webseitenanbieter aus, den ein Konsument vor dem Kauf, ohne Rückgriff auf mögliche Erfahrungen anderer Personen, lediglich aufgrund seiner Webseite beurteilen kann (Bauer et al, 2003, S. 184).

Prinzipiell wird jeder Aufwand des Prinzipals zur Überwindung von Unsicherheiten als „Agency Costs" zusammengefasst (Jensen & Meckling, 1976, S. 309 ff.). Sie beschreiben die Differenz der Kosten einer idealen Lösung (vollkommene Information) zu denen der realen Lösung (bei unvollkommener Information) (Ordelheide et al., 1991, S. 150). Onlineanbieter stehen in der Verantwortung, durch vertrauensaufbauende Maßnahmen diese „Agency Costs" zu reduzieren (Li, 2012, S. 473). Im Rahmen der vorliegenden Arbeit sind insbesondere die Problemlösungen von Seiten des Agenten von Interesse. Hierbei wird vermutet, dass die Informationsasymmetrien zwischen Onlineanbieter und Internetnutzer umso geringer sind, je intensiver er seine Kunden über Datenschutz informiert und diesen auch gewährleistet.

[7] Der Begriff „Privatsphäre-Besorgnis" wird in *Kapitel 2.3.2* erläutert.

2.2.2 Privacy Calculus Theory

Während eines Informationsaustausches sind Internetnutzer einem sogenannten „Privacy Calculus" ausgeliefert (Culnan & Armstrong, 1999, S. 106). Auch beim „Privacy Calculus" spielt die Besorgnis um die eigene Privatsphäre im Rahmen des Informationsaustausches zwischen Webseitenbetreibern und Internetnutzern eine große Rolle. Die Überlegungen der Privacy Caculus Theory zugrunde gelegt, stehen die Sorge um die Privatspähre und die Vorteile einer Preisgabe von personenbezogenen Informationen in einem paradoxen Abhängigkeitsverhältnis zueinander, da die Privatsphäre die Voraussetzung für die Informationspreisgabe darstellt (Blumberg et al., 2009, S. 18). Die Privacy Calculus Theory kann als Kosten-Nutzen-Analyse verstanden werden, bei der die Risiken einer Veröffentlichung von sensiblen Informationen mit den verbundenen Vorteilen abgewogen werden (Dinev & Hart, 2006, S. 67).

Die Sammlung von Konsumentendaten zur Verteilung von personalisierter Werbung stellt zunächst einmal ein Risiko für Internetnutzer dar (Chellappa & Shivendu, 2010, S. 1766). Wenn diese allerdings bereit sind personalisierte Werbung zu nutzen, ist die Informationspreisgabe für sie ein Vorteil. Im Rahmen von Retargeting-Maßnahmen geschieht die Offenlegung von Informationen mehr oder weniger unterbewusst, da die Nutzer nicht explizit über die Sammlung ihrer Daten informiert werden.[8] Aus diesem Grund steht im Folgenden nicht die Risiko-Nutzen-Abwägung des Privacy Calculus-Ansatzes im Mittelpunkt bei der Preisgabe von persönlichen Informationen, vielmehr interessiert die Nutzenstiftung, die sich aus einer personalisierten Werbeanzeigen ergibt. Je stärker Internetnutzer um ihre Online-Privatsphäre besorgt sind, desto weniger stellen die Vorteile der Nutzung von personalisierter Werbung einen ausreichenden Anreiz dar, um den Online-Dienst weiter zu verwenden (Culnan & Armstrong, 1999, S. 106).

Die Theorie weist somit starke Ähnlichkeit mit dem Prinzip der Erwartungstheorie von *Vroom* (1964) auf. Demnach verhalten sich Individuen so, dass sie alle positiven Folgen maximieren und alle negativen, soweit es möglich ist, minimieren (Vroom, 1964). Neben dem Risiko und dem erwarteten Nutzen können noch weitere Faktoren den Abwägungsprozess beeinflussen. Das Risiko kann während des Entscheidungsfindungsprozesses entweder durch risikomindernde Faktoren abgeschwächt (z.B. Reputation einer Webseite (Andrade et al.,

[8] Eine Ausnahme stellt die Möglichkeit eines Opt-Ins dar, die die explizite Einwilligung der Datensammlung durch den Nutzer unterstellt, Erläuterung dieser Form folgt in *Kapitel 2.3.2*.

2002, S. 350 ff.), Datenschutzaufklärung durch Webseitenanbieter (Faja & Trimi, 2006, S. 593 ff.), Aussagekraft einer Webseite (Pavlou et al., 2007, S. 105 ff.)) oder durch risikosteigernde Faktoren verstärkt werden (z.B. Erfahrung mit Eingriffen in die Privatsphäre (Bansal et al., 2010, S.138 ff.) oder Computerangst (Stewart & Segras, 2002, S.36 ff.)). In dieser Studie werden nun zwei Ansätze der Risikoabwägung vorgestellt: Zum einen der Einfluss einer Datenschutzkampagne von Web-Publishern, und zum anderen die Präsentation von unterschiedlich ähnlichen Marken im Vergleich zur originär gesuchten Marke.

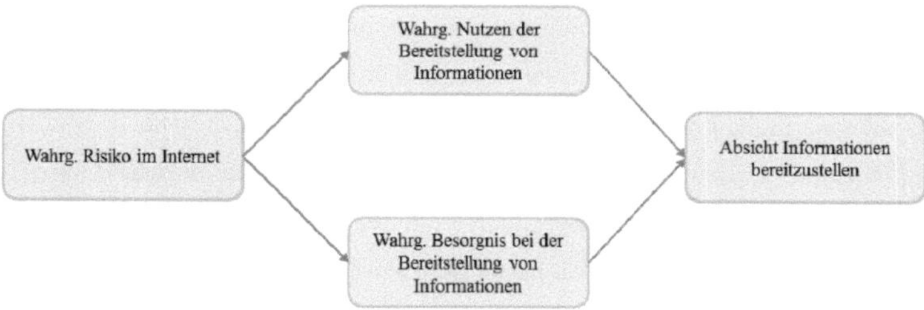

Abbildung 3: Privacy Calculus Modell[9]

2.3 Datenschutzbedenken als möglicher Nachteil bei Retargeting

2.3.1 Konzeptualisierung der Privatsphäre-Besorgnis

Der Begriff Privatsphäre-Besorgnis wird von *Liao et al.* (2011, S. 703) als *„concern about a possible loss of privacy as a result of voluntary or surreptitious information disclosure"* beschrieben. Aufgrund der zunehmenden Berichterstattung über massive Verletzungen des Datenschutzes, gewinnt der Begriff für das Marketing an Bedeutung. Viele Verbraucher vermuten, dass sie nur wenig Kontrolle über ihre Privatsphäre haben (Back & Moritmoto, 2012, S. 61). Die Mehrheit sorgt sich über die Kenntnisse, die Firmen über sie aufbauen und den Umgang, den diese wiederum mit ihren Daten zeigen (Kacchi & Link, 2009, S. 74). Webseitenbetreiber müssen sich daher überlegen, wie sie diesem Phänomen begegnen. Aufgrund der Sorge um die eigene Privatsphäre unterdrücken zahlreiche Internetuser Werbeanzeigen mit Hilfe von Ad-Blockern (Baek & Morimoto, 2012, S. 62). Auch negative Mundpropaganda, die den Webseitenanbieter in Verruf bringen (Culnan & Armstrong, 1999, S. 105) und zudem die Minderung der Kaufabsicht im Online-Handel begünstigen kann, ist teilweise bedingt durch die Bedenken im Hinblick auf ein sichere und geschützte Privatsphäre-Besorgnisse

9 In Anlehnung an Dinev & Hart, 2006, S. 63.

(Eastlick et al., 2006, S. 878; Liao et al., 2011, S. 705). Laut einer Studie der Universität Pennsylvania und des Berkley Center for Law und Technology wollen 66% der US-Bürger aufgrund Privatsphäre-Besorgnissen nicht mit Targeting-Maßnahmen konfrontiert werden (Turow et al., 2009, S. 3). Bezogen auf Online-Verhaltensweisen unterscheidet *Li* (2014, S. 32 ff.) drei Ebenen der Privatsphäre-Besorgnis. Zunächst gilt eine generelle Privatsphäre-Besorgnis oder auch Privatsphäre-Besorgnis im Internet (Li et al., 2010, S. 64). Diese entsteht aus der allgemeinen Erfahrung bzw. Kenntnis, die eine Person über das Internet hat, aber auch aus ihrem kulturellen Hintergrund (Bellmann et al., 2004, S. 315). Auch Persönlichkeitseigenschaften wie die Verträglichkeit, das Pflichtbewusstsein und die Offenheit zu versagen, können Auslöser für die Privatsphäre-Besorgnis sein (Junglas et al., 2008, S. 395). Als zweite Ebene nennt er die spezifische Privatsphäre-Besorgnis, welche sich auf eine spezielle Situation wie z.B. die Besorgnis sich auf einer bestimmten Webseite zu bewegen, bezieht (Li et al., 2010, S. 65). Beeinflusst wird diese Form bspw. durch die Reputation eines Webseitenbetreibers (Eastlick et al., 2006, S. 880). Weiterhin haben dazu *Pavlou et al.* (2007, S. 128) ermittelt, dass ein bereits aufgebautes Vertrauensbild einer Person gegenüber einer Webseite und der Wille eines Webseitenbetreibers sich der Datenschutzaufklärung anzunehmen, ebenfalls entscheidend die Privatsphäre-Besorgnis einer Person beeinflussen kann. Schließlich muss die dritte Ebene, das psychologische Bedürfnis nach Privatsphäre (Rensel et al., 2006, S. 29), welches den fundamentalen Wert von Privatsphäre für eine Person beschreibt, genannt werden. Diese Ausprägung ist wohl die generellste und zeichnet die Toleranz aus, die eine Person gegenüber Privatsphäre-Eingriffen innerhalb und außerhalb des Internets aufweist (Laufer & Wolfe, 1977, S. 25; Li, 2014, S. 35). Für jedes Individuum ist der Wunsch nach Privatsphäre dabei einzigartig (Rensel et al., 2006, S. 29).

Einen Versuch den Grad der Privatsphäre-Besorgnis für bestimmte Gruppen zu unterscheiden, unternimmt *Westin* (2003, S. 22 f.). Er unterscheidet drei verschiedener Privatsphäre-Typen: „Privacy Fundamentalists", „Privacy Pragmatists" und „Privacy Unconcerned" (Westin, 2003, S. 22 f.):

- Privacy Fundamentalists sind extrem besorgt, wenn es um ihre persönlichen Daten geht. Sie würden ihre Daten nicht einmal preisgeben, wenn ihnen dafür Sicherheitsversprechen gegeben werden (risikoavers).

- Privacy Pragmatists sind zwar um ihre Daten besorgt, allerdings nicht so stark wie Privacy Fundamentalists. Sie geben persönliche Daten eher preis, wenn sie einen entsprechenden Vorteil darin erkennen oder eine Kontrolle durch Sicherheitsversprechen sehen (risikoneutral).

- Privacy Unconcerned haben eher weniger Bedenken um ihre Privatsphäre. Sie verspüren am wenigsten eine Angst, dass ihre Daten von Webseitenbetreibern oder Dritten genutzt oder missbraucht werden können (risikofreudig).

Li (2014, S. 33) fasst diese drei Ansätze als Privatsphäre-Überzeugungen zusammen und grenzt sie ab zu den in der Literatur oft synonym verwendeten Privatsphäre-Ängsten (Chai et al., 2009, S. 170), der Privatsphäre-Kontrolle (Connolly & Bannister, 2007, S. 107), der wahrgenommenen Wichtigkeit von persönlicher Privatsphäre (Hossain & Prybutok, 2008, S. 319), der Überzeugung über den Schutz der Privatsphäre und dem Risiko, welches von der Privatsphäre ausgeht (Li et al., 2010, S. 64).

2.3.2 Rechtliche Aspekte des Retargetings

Das deutsche Datenschutzrecht wird durch das Telemediengesetz (TMG) und das Bundesdatenschutzgesetz (BDSG) geregelt. Datenerhebungen sind grundsätzlich nur erlaubt, wenn der Betroffene einwilligt (§ 4 Abs. 1 BDSG). Zu einem Recht der informationellen Selbstbestimmung gehört zudem eine Informationspflicht der datenerhebenden Partei. Diese muss den Betroffenen ausdrücklich auf die Zweckbestimmung der Erhebung, Verarbeitung und Verwendung hinweisen (§ 13 Abs. 1 TMG). Webseitenbetreiber erfüllen diese Informationspflicht mehr oder weniger durch vorformulierte Datenschutzerklärungen, die allerdings nicht immer den rechtlichen Anforderungen entsprechen (Kartal et al., 2011, S. 7).

Von zentraler Bedeutung für die datenschutzrechtliche Beurteilung von Retargeting ist, ob die erhobenen Daten personenbezogener Natur sind. Sind sie es nicht, tritt eine Sonderregelung in Kraft. Unter personenbezogenen Daten werden gemäß §3 Abs. 1 BDSG: *"Einzelangaben über persönliche und sachliche Verhältnisse einer bestimmten oder bestimmbaren Person"* verstanden. Eine Person ist *bestimmt*, wenn die zur Verfügung stehenden Daten einen Rückschluss auf die Identität einer Person geben. *Bestimmbar* ist sie, wenn die Identität nicht unmittelbar aus den Daten selbst erkennbar wird, aber mittels weiterer Informationen, die der datenerhebenden Stelle zur Verfügung stehen (Kartal et al., 2011, S. 7). Personenbezogene

Kundendaten können zum Beispiel der Name, die Adresse sowie die Telefonnummer und die E-Mail-Adresse sein und müssen von Internetnutzern freiwillig angegeben werden. Ein Beispiel hierfür ist das Anmeldeverfahren bei E-Mail-Portalen wie GMX, Web.de und Co. Problematisch an dieser Erhebungsform ist, dass die Daten im Laufe der Zeit an Aktualität verlieren und Onlinevermarkter dementsprechend Kosten und Aufwand aufbringen müssen, um diese wieder aufzufrischen (Bodendorf, 2006, S. 5).

Sind die erhobenen Daten weder bestimmt noch bestimmbar, spricht man von pseudonymen Daten und es tritt der Fall § 15 Abs. 3 TMG ein. Demnach darf ein Onlineanbieter zu Werbe- oder Marktforschungszwecken Nutzungsprofile unter Verwendung von Pseudonymen erstellen, solange der Internetnutzer nicht widerspricht (Kartal et al., 2011, S. 7). Unter pseudonymer Personalisierung versteht man die Verfolgung eines Nutzers über längere Zeit („Sessions"), um personalisierte Dienste anzubieten, ohne die richtige Identität des Nutzers zu kennen (Roßnagel, 2007, S. 11). Vereinfacht kann gesagt werden, dass Retargeting-Maßnahmen, die häufig mittels Cookies das Tracking von Nutzungs- oder Surfverhalten von Internetnutzern ermöglichen, zulässig sind und keiner ausdrücklichen Einwilligung bedürfen. Die Nutzung von pseudonymen Daten ist zum einen für den Nutzer ein weniger starker Eingriff in die Privatsphäre, da der Nutzer zunächst nicht unmittelbar mit der Datensammlung konfrontiert wird, und zum anderen können Echtzeitinformationen gesammelt werden (Greve et al., 2011, S. 10). Die Erhebung von pseudonymen Daten fällt nicht in den Anwendungsbereich des TMG bzw. des BDSG (Bauer et. al, 2011, S. 107). Ein Internetnutzer kann allerdings jederzeit Widerspruch erheben, ein sogenanntes „Opt-Out" (Winer, 2001, S. 101).

Eine einfache Möglichkeit, dem Tracking, welches bei Retargeting-Maßnahmen angewendet wird, übergreifend zu widersprechen, fehlt bislang. Internetbrowser wie Internet Explorer und Firefox bieten bereits die Möglichkeit per Einstellung ein Tracking zu unterbinden (Schulzki-Haddouti, 2013, [online]). Es hat jedoch jeder Hersteller einen anderen Lösungsansatz, so dass noch nicht von einer Standardlösung gesprochen werden kann (Schwarz, 2011, S. 548). Das liegt vor allem daran, dass Datenschutzrichtlinien von Land zu Land variieren (Flavián & Guinalíu, 2006, S. 612). Als problematisch stellt sich vor allem dar, dass viele Webseitenbetreiber die „Do-not-Track"-Signale der Internetbrowser, die vom Nutzer aktiviert werden, nicht respektieren (Schulzki-Haddouti, 2013, [online]).[10] Lediglich 1% aller Webseitenbetreiber beendet das Tracking, wenn ein Nutzer die „Do-Not-Track“-Funktion in seinem Browser aktiviert hat (Heise, 2014, [online]). Kalifornien ist diesbezüglich durch die Unterzeichnung des „Online Transparency Acts“ schon einen Schritt weiter (Krasnow, 2013, S. 65). Denn dieser verpflichtet Webseitenbetreiber dazu, seine Nutzer darüber zu informieren, ob er „Do-not-Track“-Signale der Browser respektiert (Schulzki-Haddouti, 2013, [online]).

Europa fordert bereits 2009 durch die E-Privacy Richtlinie der EU ein sehr viel schärferes Vorgehen, um das Unterbinden von Tracking-Maßnahmen zu ermöglichen (Directive 2009/136/EC of the European Parliament and of the Council, 2009). Es handelt sich hierbei um das sogenannte Opt-In (Winer, 2001, S. 101). Dieses sieht eine gesonderte Einwilligung von Cookies durch den Nutzer vor, d.h. wenn ein Nutzer eine Webseite das erste Mal besucht, wird er dazu aufgerufen der Verwendung von Cookies zuzustimmen. In Deutschland hat das Gesetz allerdings bisher noch keine Anwendung gefunden (BVDW, 2014, [online]). Jedoch sind bereits eine Reihe von Webseitenbetreibern auf dem Markt zu finden, die ein Opt-In auf ihrer Webseite implementiert haben (Beispiel: Zalando). Vorteil an einem Opt-In ist, dass ein Bewusstsein für die Datensammlung geschaffen wird und ein risikoaverser Nutzer sich nicht durch personalisierte Werbungen überrascht fühlt.

Aber nicht nur die Cookie-Kontrolle ist eine Selbstregulierungsmaßnahme für Internetnutzer, auch andere Datenschutzrisiken müssen durch die Nutzer eigenständig kontrolliert werden (Larose & Rifon, 2007, S. 127). So ist jeder Nutzer für die Sicherung seines Spam- und Virusschutzes, der Installation eines Firewalls, des Schutzes vor Spionage-Software, der Ausselektion von Phishing-Mails und Blockierung von Pop-Ups selbst verantwortlich (Larose & Rifon, 2007, S. 127). Die Fülle an Datenschutzrisiken erschwert es Internetnutzern den Überblick zu bewahren und nur die wenigsten kümmern sich um die Gewährleistung vollem Umfang (Flavián & Guinalíu, 2007, S. 604; Milne et al., 2004, S. 227).

Für gewöhnlich ist es einem Konsumenten auch nicht wichtig, Datenschutzrisiken zu trennen, schließlich ist die Respektierung seiner Privatsphäre das einzige, was er letztlich generell möchte (Flavián & Guinalíu, 2007, S. 604 f.). Bislang orientieren sich Webseitenbetreiber

[10] Ein Beispiel hierfür ist der Webseitenbetreiber Yahoo, die erklärt haben, DNT-Anfragen nicht mehr zu akzeptieren (Heise, 2014, [online]).

vorwiegend an zwei Herangehensweisen. Zum einen die bereits angesprochene legislative Kontrolle (Bsp. Gesetzesentwurf für Opt-In) und zum anderen die technologische Gewährleistung ihrer Informationssysteme (Bsp. SSL-Verschlüsselung von E-Mails) (Lyman, 2003 [online]; European Commission, 2012, S. 37 ff.). Nun reagiert aber auch die Werbeindustrie auf die zunehmende Datenschutzdiskussion in den Medien. E-Mail-Anbieter wie GMX, Web.de und Telekom werben mit „E-Mail made in Germany“, [11] einer Initiative, mit welcher der E-Mail-Verkehr verschlüsselt werden soll (GMX, 2014 [online]). Vertrauliche Informationen sollen so vor Hackerangriffen oder Datenmissbrauchsversuchen sicher sein. Diese versprechen zum einen, dass der Nutzer selbst keinen Aufwand zur Sicherung seiner persönlichen Internetfreiheit vornehmen muss, und zum anderen einen Rahmen, der den Internetnutzern einen sicheren Spielraum für persönliche Daten gewährleistet (GMX, 2014, [online]). Ob der Schutz, der durch die Kampagne versprochen wird, auch tatsächlich gewährleistet wird, kann ein Nutzer vermeintlich nicht beurteilen. Trotz allem weckt die Kampagne Aufmerksamkeit für die Problematik und schärft das Bewusstsein, wachsam gegenüber Internetgefahren zu sein. So stellt eine dritte Säule der Datenschutzkontrolle von Webseitenbetreibern die Vermittlung dieser durch Werbung dar. Eine Analyse dieser Maßnahme ist Gegenstand der vorliegenden Studie.

2.4 Ähnliche Markenpersönlichkeiten als möglicher Vorteil bei Retargeting

2.4.1 Bedeutung von Markenpersönlichkeiten für Konsumenten

Nachdem eine Reihe von Risiken bei der Durchführung von Retargeting-Maßnahmen erläutert wurde, soll nun der Nutzenfaktor Markenpersönlichkeit eine Definition erfahren. Genau genommen geht es um die Ähnlichkeit der Persönlichkeiten verschiedener Marken, wenn Produkte solcher Marken gleichzeitig in einer Retargeting-Maßnahme präsentiert werden. Doch zunächst interessiert der Begriff Marke.

Marken zeichnen sich dadurch aus, dass sie neben materiellen Eigenschaften auch Eigenschaften aufweisen, die durch ökonomische Maße alleine nicht greifbar sind (Florack & Scarabis, 2007, S. 177; Keller, 1993, S. 4). Dieser Charakter wird als Markenpersönlichkeit bezeichnet (Aaker, 1997, S. 347 ff.). Für Konsumenten ist das Phänomen nicht direkt beobachtbar, sondern es wird unbewusst wahrgenommen (Florack & Scarabis, 2007, S. 177).

[11] Genauere Informationen zur Kampagne unter: http://www.e-mail-made-in-germany.de/

Aaker (1997, S. 347) formuliert den Charakter der Markenpersönlichkeit als *„the set of human characteristics associated with a brand"*. Die Annahme, dass Marken wie Menschen über eine Persönlichkeit verfügen, ist bereits im Jahre 1919 zu finden. *Gilmore* (1919) prägte den Gedanken, dass Menschen dazu neigen unbelebte Objekte zu beseelen, um die Interaktion mit der immateriellen Welt zu erleichtern. Die Vermenschlichung von Objekten wird auch als Anthropomorphisierung bezeichnet (Schindler, 2008, S. 28). Beobachten kann man dieses Verhalten bereits im frühkindlichen Stadium, wenn Puppen zum Spiegel für die eigene Identität werden oder als Projektionsfläche für Wünschenswertes dienen (Schindler, 2008, S. 28). In der Persönlichkeitspsychologie wird Marken der Wert zugeschrieben, dass sie in der Lage sind das ideale Selbst und das Selbstkonzept eines Menschen auszudrücken. *Sirgy* (1986, S. 12 ff.) behauptet dabei mit seiner Selbstkongruenztheorie, dass das Streben nach einem positiven Selbstwertgefühl und das Bedürfnis nach Sicherheit in der Suche nach Selbsterkenntnis mündet. Marken, die Eigenschaften besitzen, mit denen eine Person sich selbst sieht bzw. sich sehen möchte, werden häufig bevorzugt gewählt.

In der Praxis trieb vor allem *Martineau* der Vermenschlichung von Marken voran, um die Kommunikation zwischen Markenverantwortlichen zu erleichtern. Auch in der Marktforschung vereinfacht es die Arbeit, wenn Probanden mit der Aufgabe beauftragt werden, sich Marken als Person, Freund oder Filmstar vorzustellen (Rook, 1985, S. 251 f.; Florack & Scarabis, 2007, S. 178). *Fournier* (1998, S. 343 ff.) konnte sodann den Nachweise erbringen, dass Konsumenten Beziehungen zu Marken eingehen, die menschlichen Beziehungen gleichen können. Sie begründet diese Beziehung damit, dass Marken Beziehungspartner darstellen, also personifiziert werden können (Fournier, 1998, S. 344 f.). Doch obwohl Markeneigenschaften und menschliche Persönlichkeitsmerkmale eine ähnliche Definition erfahren (Epstein, 1977, S. 83 ff.), unterscheidet man ihre Entstehungsart dennoch (Aaker, 1997, S. 348). Menschliche Persönlichkeitsmerkmale haben ihren Ursprung im individuellen Verhalten, in körperlichen Eigenschaften, in der Einstellung und den Überzeugungen sowie in den demographischen Eigenschaften (Park, 1986, S. 907 ff.). Markenpersönlichkeiten dagegen entstehen durch direkten und indirekten Kontakt mit der Marke (Aaker, 1997, S. 348). Markeneigenschaften werden durch die Übertragung der typischen Markennutzer auf die Marke geprägt. So können klassische Persönlichkeitszüge wie Intelligenz, Aufrichtigkeit, Wärme und Zuverlässigkeit mit einer Marke assoziiert werden (Aaker, 1996, S. 141). Auch demographische Eigenschaften wie Geschlecht, Alter und Klasse können in einer Markenpersönlichkeit zum Ausdruck kommen (Levy, 1959, S. 117 ff.). Wird die Zigarettenmarke Pall Mall

Menthol durch die Verwender eher als weiblich empfunden, ist Marlboro hingegen eher eine männliche Marke (Esch, 2005, S. 170). Apple wird unter dem Einfluss der ausgeprägten inneren Bilder von den Verwendern eher für eine junge Marke und IBM für älter gehalten, obwohl es bei beiden Marken jüngere Produkte gibt (Aaker, 1997, S. 348). Das Kaufhaus Harrods in London würde man eher als exklusiv wahrnehmen, wohingegen Woolworth in Deutschland eher als preisgünstig gilt.

Der für diese Untersuchung allerdings wichtigste Aspekt der Markenpersönlichkeit ist, dass sie einen positiven Einfluss auf den Kaufentscheidungsprozess hat (Hieronismus, 2003, S. 102). Die Markenpersönlichkeit dient als Strukturierungshilfe und zum Abruf von Markenwissen (Hieronismus, 2003, S. 102). *Baumgarth* und *Hansjosten* (2002, S. 43) zufolge hilft die Markenpersönlichkeit dabei, sich langfristig im Wettbewerb abzusetzen. Assoziationen, die eine Person mit einer Marke hat, sind im Gegensatz zu einzelnen Produkteigenschaften von Dauer und verändern sich mit der Zeit nur wenig (Herrmann, 1997, S. 34). Dies ist der Grund, weshalb Verbraucher mühelos Ähnlichkeiten zwischen verschiedenen Marken herstellen können. Haben sich verschiedene Studien bereits mit dem Erfolg der Ähnlichkeit zwischen einer Marken- und Konsumentenpersönlichkeit (Bauer et al., 2002), einer Marken- und Testimonialpersönlichkeit (Mäder, 2005), einer Marken- und Mitarbeiterpersönlichkeit im Call-Center (Lieven & Tomczak, 2012) beschäftigt, ist bisher jedoch nur sehr selten der Erfolg von ähnlichen Marken untereinander betrachtet worden (Yang et al., 2014). *Yang et al.* (2014, S. 973 ff.) weisen in ihrer Studie nach, dass unähnliche Markenpersönlichkeiten im Umfeld von ähnlichen Markenpersönlichkeiten herausstechen. Den Unterschied zwischen Markenpersönlichkeiten nehmen Verbraucher also durchaus unterbewusst wahr.

2.4.2 Ansätze zur Operationalisierung der Markenpersönlichkeit

In der Literatur existiert eine Vielzahl von Ansätzen, um die Persönlichkeit von Marken zu erfassen (Aaker et al., 1992, S. 260). Als bedeutendstes Konzept zur Messung der Markenpersönlichkeit gilt die „Brand Personality Scale“ (Aaker, 1997, S. 347 ff.). Die Studie von *Jennifer Aaker* zeigt auf, dass Verbraucher Marken anhand von fünf Dimensionen wahrnehmen: Aufrichtigkeit, Erregung/Spannung, Kompetenz, Kultiviertheit und Robustheit (Aaker, 1997, S. 348 ff.). *Aaker* verwendet deshalb Items, die sowohl die menschliche Persönlichkeit beschreiben als auch solche, die zur Beschreibung von Produkten ausgerichtet sind. Man bezeichnet sie auch als „Big Five“ des Marketings (Aaker, 2001, S. 98).

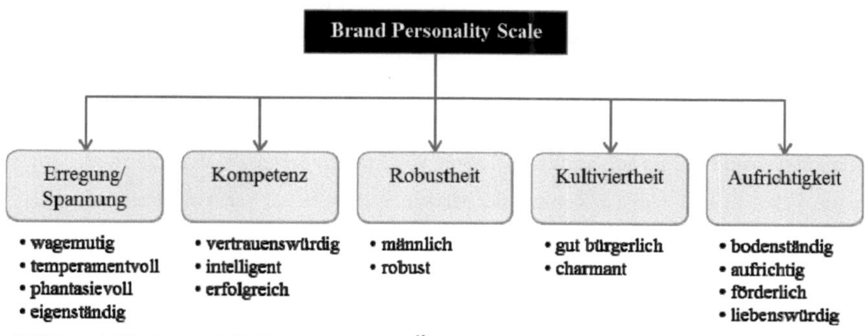

Abbildung 4: Markenpersönlichkeiten nach Aaker[12]

Das Konzept von *Aaker* erweist sich allerdings nicht als universell stabil (Aaker et al., 2001, S. 501). So haben sich in den USA beispielsweise andere Markendimensionen ergeben als in Japan, Spanien, Niederlande und Deutschland (Aaker et al., 2001, S. 501; Hieronismus, 2002, S.119 ff.; Smith et al., 2002, S. 29). Leidenschaft als Markendimension spielt in Spanien beispielsweise eine größere Rolle als in den USA (Aaker et al., 2001, S. 501). In Deutschland identifiziert *Hieronismus* (2002, S. 204 f.) in seiner faktoranalytische Auswertung zur Messung der Markenpersönlichkeit nur zwei Dimensionen. Seine Dimension „Vertrauen & Sicherheit" entspricht dabei dem was man in der Unternehmenspraxis als rationale Nutzenkomponente bezeichnet. Wohingegen seine zweite Dimension „Temperament & Leidenschaft" eher den emotionalen Nutzenbereich abdeckt (Hieronismus, 2002, S. 205). Als beständig erweisen sich bezüglich der Dimensionen von *Aaker* die Aufrichtigkeit, Kompetenz und Erregung/Spannung, während Robustheit und Kultiviertheit sich in praktischen Anwendungen als problematisch erweisen. Ihre Itembatterie findet sich damit auch in den deutschsprachigen Dimensionen wider. Neben der landesspezifischen Auswahl an Persönlichkeitsmerkmalen stellt sich die Adaptierung der Struktur der Markenpersönlichkeiten von *Aaker* auf einzelne Produktkategorien nicht immer als valide heraus. Bei der Untersuchung mehrerer Sonnenbrillenmarken kann *Hayes* (1999, S. 175) nur unter Ausschluss einiger Items die Dimensionen reproduzieren. *Wysong* (2000, S.47 ff.) dagegen hat alle Dimensionen replizieren können, als Untersuchungsobjekt diente ihm jedoch lediglich das Produkt Bier.

[12] In Anlehnung an Aaker, (1997), S. 348 ff.

2.4.3 Zum Begriff der Markenloyalität

Um den Nutzen von ähnlichen Marken einordnen zu können, müssen auch Konsumenten betrachtet werden, die sich gegenüber den Marken unterschiedlich loyal verhalten. Loyale Kunden präferieren diese Marke und stehen Konkurrenzprodukten eher verschlossen gegenüber. Dies kann einen Einfluss auf die Wahrnehmung von Marken haben, die der bervozugten Marke (un-) ähnlich sind. Um das Konzept der Markenloyalität besser nachvollziehen zu können, soll es nachfolgend erläutert werden.

Erste Studien, die sich mit der Konzeptualisierung von Markenloyalität beschäftigten, erfassen diese als beobachtbares Kaufverhalten (Copeland, 1923, S. 288). So wird Markenloyalität über die Kaufreihenfolge (Brown, 1952), den Kaufanteil (Cunningham, 1956, S. 116 ff.) oder die Kaufwahrscheinlichkeit (Frank & Lipstein, 1962, S. 19 ff.; Lipstein, 1959, S. 101 ff.) von Marken gemessen. Loyales Verhalten eines Kunden tritt dann auf, wenn durch Wiederkauf eine Gebundenheit von diesem an einen Anbieter deutlich wird (Day, 1969, S. 30). Mittels dieser Definition werden allerdings zufällige oder situative Faktoren, die zu Wiederkäufen geführt haben (Bsp. Sonderangebote, Mangel an Alternativen), nicht von wirklicher Markenpräferenz getrennt (Dick & Basu, 1994, S. 101). Seit Ende der 60er Jahre gibt es einen zweiten Ansatz, der über die behavioristische Loyalitätsmessung hinausgeht, der neobehavioristische Ansatz. Dieser sieht keine Alleinbetrachtung von Beobachtungsgrößen vor (Jacoby & Olson, 1970, S. 16), sondern erweitert diese Betrachtungsweise um eine Einstellungsdimension (Diller, 1996, S. 83; Schiller, 1986, S. 366). Demnach zeigt sich das Treueverhalten eines Konsumenten keinesfalls nur im Wiederkauf ein und desselben Produktes, sondern äußert sich auch im Cross-Buying (d.h. auch andere Produkte des Markenanbieters werden konsumiert) und im Weiterempfehlungsverhalten (Homburg et al., 2005, S. 1399). Die Verhaltensdimension stellt sich also als kaufbezogene Loyalität dar, da es dabei um die Kauftreue zu einer Marke geht (also tatsächliches Verhalten) (Vogel, 2012, S. 31). Die Einstellungsdimension wird dagegen über die Markenzufriedenheit (auch Marken-Commitment genannt) gemessen. Eine positive Einstellung eines Kunden gegenüber einer Marke spiegelt dabei u.a. Zufriedenheit wider (Meyer & Oevermann, 1995, S. 1343). Die Erweiterung des Loyalitätsbegriffes um die Komponente der Zufriedenheit erscheint essentiell, ist doch die Bedeutung von langlebigen Geschäftsbeziehungen in der heutigen Zeit unabdinglich (Heide & Weiss, 1995, S. 32). Hat ein Konsument ein positives inneres Bild von einer Marke und verbindet er positive Eigenschaften mit der Marke, drückt er dies auch in der Bereitschaft zu einem bestimmten Verhalten aus, indem er die Marke gegenüber Freunden verteidigt oder auch Konkurrenzprodukte ignoriert (Vogel, 2012, S. 31). Insgesamt allerdings erscheint der intentionale Aspekt der Loyalität für die hier durchgeführte Studie als vielversprechender, da aus ihm eine größere Überzeugung abgelesen werden kann. Zudem ist der Forschung das Problem des Einstellungs-Verhaltens-Gaps bekannt. Demnach werden zwar häufig positive Überzeugungen geäußert, allerdings manifestieren sich diese schlussendlich nicht in beobachtbarem Verhalten.

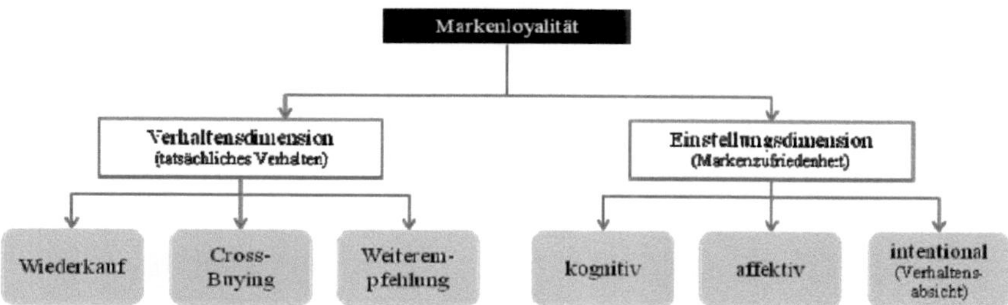

Abbildung 5: Konzeptualisierung der Markenloyalität[13]

Weiterhin stellt die Erkenntnis, dass auch Markenpersönlichkeiten eine Grundlage für Markenloyalität sein können, einen weiteren wichtigen Aspekt für die nachfolgende Betrachtung dar. Diesen Nachweis erbrachten die Autoren *Bauer et al.* (2002, S. 687 ff.) mittels Anwendung der Selbst-Kongruenztheorie. Eine Übereinstimmung der Markenpersönlichkeit mit der eigenen Persönlichkeit wirkt sich unmittelbar auf die Zufriedenheit mit dem Produkt und der Identifikation mit der Marke und damit auf die Markenloyalität aus (Bauer et al., 2002, S. 691).

[13] In Anlehnung an Homburg et al., 2005, S. 1401; Jacoby & Chestnut, 1978.

3 Modell zur Erklärung der Wirkweise einer Retargeting-Anzeige

3.1 Einführender Überblick zum postulierten Modell

Der offensichtlichste Weg, um eine Verteilungsgerechtigkeit für Retargeting-Maßnahmen herbeizuführen, ist die Erhöhung des wahrgenommenen Nutzens von Targeting-Maßnahmen bei den Rezipienten (Groene et al., 2012, S. 5). Dies ist dann am ehesten der Fall, wenn auf irrelevante Werbung verzichtet wird (Alreck & Settle, 2007, S. 13). In der vorliegenden Studie wird die Relevanz der Werbung durch die Markenloyalität und die Ähnlichkeit von Markenpersönlichkeiten repräsentiert. Diese scheinen Nutzenfaktoren zu sein, die ein erhöhtes Interesse auszulösen versprechen, so dass letztlich eine positive Verhaltensabsicht gegenüber einer Online-Werbeanzeige resultiert (Klickabsicht). Darüber hinaus könnten diese Einflussfaktoren die Besorgnis gegenüber der Personalisierungsmaßnahme reduzieren und die Anzeige somit als attraktiver wahrgenommen werden. Im Rahmen dieser Studie wird bewusst auf die Darbietung des zuvor in einem Online-Shop gesehenen Produkts als Inhalt eines Werbebanners verzichtet, um letztlich die Skepsis hinsichtlich der Nutzung von persönlichen Daten zu reduzieren. Anstelle dessen soll der Nutzer in einer Retargeting-Maßnahme durch der originär betrachteten Marke ähnlichen Markenpersönlichkeiten angesprochen werden. Darüber hinaus wird der Effekt des Email-Postfaches als „privater Raum" geprüft. Dabei steht eine Kampagne im Vordergrund, die die Einhaltung des Datenschutzes durch den Email-Provider in den Vordergrund rückt.

Zusammenfassend soll demnach überprüft werden, inwiefern die manipulierten Einflussfaktoren Markenloyalität, (Un-)ähnlichkeit der Markenpersönlichkeiten und das wahrgenommene Risiko bei der Nutzung eines Email-Postfaches auf die Attraktivität einer präsentierten Anzeige in diesem Email-Postfach wirken. Die Attraktivität der Anzeige wird im postulierten Modell abgebildet durch die Einstellung gegenüber der Anzeige und letztlich die Klickabsicht. Für die Identifikation zentraler Variablen, die den Effekt der Einflussgrößen auf die Zielgrößen vermitteln, wird auf den „Privacy Calculus" Bezug genommen. Auf diese Weise werden das Interesse an der Anzeige auf der einen Seite und die Sorge um eine geschützte Privatsphäre auf der anderen Seite betrachtet, die letztendlich in Vorbehalten gegenüber dem Email-Portal münden. Sämtliche Zusammenhänge werden durch die nachfolgende *Abbildung 6* illustriert:

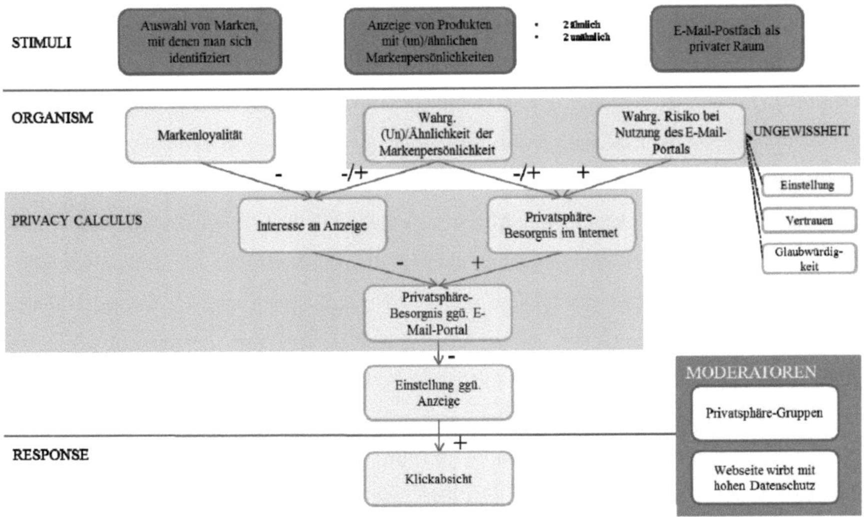

Abbildung 6: Postuliertes Kausalmodell

3.2 Effekte der unabhängigen Einflussfaktoren auf den Privacy Calculus

3.2.1 Loyalität gegenüber der Ausgangsmarke

Dieser Studie liegt die Annahme zugrunde, dass Markenloyalität als Verhaltensabsicht verstanden werden kann. Dabei wird davon ausgegangen, dass eine stark ausgeprägte Verhaltensabsicht eher dazu motiviert, ein bestimmtes Verhalten auszuüben (Ajzen & Fishbein, 1980, S. 30). Die Loyalität gegenüber einer spezifischen Marke sollte auch das Interesse bzw. Desinteresse an Alternativmarken beeinflussen und damit einen Einfluss darauf ausüben, wie markentreue Konsumenten reagieren, wenn sie mit Konkurrenzprodukten in Berührung kommen.

Eine echte Markenloyalität ist eine Loyalität aus Verbundenheit. *Dick* und *Basu* (1994, S. 102) beschreiben sie als die stärkste Loyalitätsform. Sie ist resistent gegenüber attraktiven Wettbewerbsangeboten und unterliegt keinen weiteren Umwelteinflüssen (Dick & Basu, 1994, S. 101). Situative Faktoren wie günstigere Angebote von Konkurrenzprodukten stellen keine Wechselbarriere dar. Echte Markenloyalität äußert sich in einer positiven Einstellung und einem stark ausgeprägten Wiederkaufsverhalten. *Newman* und *Staelin* (1972, S. 254) kommen diesbezüglich zu der Erkenntnis, je positiver die Erfahrungen einer Person mit einer

Marke sind, desto weniger sucht sie nach Alternativen. *Furse et al.* (1984, S. 429) weisen dahingehend nach, dass Konsumenten, die weniger nach Alternativen suchen, meist zufriedener mit ihren letzten Einkaufserfahrungen sind. Basierend auf *Festingers* (1957, S. 15 ff.) Theorie der kognitiven Dissonanz verhalten sich Konsumenten aufgrund des Strebens nach einem psychologischen Gleichgewicht loyal. Loyale Konsumenten wollen ihren Zufriedenheitszustand mit einer Marke aufrechterhalten und das unangenehme Gefühl der kognitiven Dissonanz bei der Verwendung einer anderen Marke vermeiden (Homburg et al., 1998, S. 90).

Handelt es sich bei einem Internetnutzer um einen markentreuen Konsumenten, kann davon ausgegangen werden, dass dieser personalisierte Anzeigen, die seine präferierte Marke nicht enthalten, negiert. Da seine innere Haltung keine Bestärkung erfährt, wird in der Konsequenz seiner Denkweise kein weiterer Impuls ausgelöst. Diese vermeintliche Überlegenheit des Nutzers schützt ihn vor Beeinflussung seiner Kaufentscheidung.

H_1: Je höher die Loyalität gegenüber einer Marke ist, desto geringer ist das Interesse an einer Anzeige, die Produkte (un)/ähnlicher Marken enthält.

3.2.2 Ähnlichkeit der präsentierten Markenpersönlichkeiten

Ein Nutzenfaktor wird nach *Zeithaml's* (1988, S. 14) und *Xu et al.'s* (2011, S. 44) Auffassung definiert „*as the individual's overall assessment of the utility of information disclosure based on perceptions of privacy risks incurred and benefits received*". Dies lässt zu, ihn als Grad an Privatsphäre zu sehen, den Internetnutzer bereit sind aufzugeben, um die durch die Personalisierung empfundenen Vorteile zu nutzen (Xu et al., 2011, S. 44). Je mehr Nutzenstiftung demnach eine Person durch die Preisgabe von privaten Informationen erfährt, desto eher ist sie auch gewillt Daten bereitzustellen, also in dem hier untersuchten Fall, personalisierte Werbeanzeigen zu nutzen (Xu et al., 2011, S. 43). *Pasadeos* (1990, S. 35 ff.) hat darüber hinaus festgestellt, je informativer eine Werbeanzeige empfunden wird, desto geringer wird die Abneigungsreaktion der Konsumenten dieser gegenüber sein.

Dass Markenpersönlichkeiten eine entscheidende Rolle bei der Kaufentscheidung spielen können, konnten *Yang et al.* (2014, S. 973) nachweisen. Sie zeigen in ihrer Studie, dass Marken innerhalb ihres Kontextes an Bedeutung gewinnen oder verlieren können (Yang et al.,

2014, S. 987): Hat eine Person bereits eine bewusste Meinung zu einer Marke gebildet, lässt sich diese kaum noch beeinflussen (Yang et al., 2014, S. 986). Hat ein Konsument aber keinen Zugriff auf Produkt- bzw. Markeninformationen, so ist er empfänglicher für den Charakter einer Marke bei der Kaufentscheidung (Yang et al., 2014, S: 986 f.). Vor allem im Umfeld von mehreren Marken ist die Persönlichkeit für den Nachfrager ein Anker, um Beurteilungen vorzunehmen (Yang et al., 2014, S. 987). Stellen in der Studie von *Yang et al.* (2014, S. 973 ff.) mehr die Unähnlichkeiten von Markenpersönlichkeiten einen Vorteil für die Präferenz von einzelnen Marken dar, soll hier nun ein Vorteil durch die Ähnlichkeit von Markenpersönlichkeiten identifiziert werden.

Diese Überlegung basiert vor allem auf die Selbstkongruenztheorie von *Sirgy* (1982, S. 287). Den Überlegungen des Wissenschaftlers zu Folge suchen Menschen in Gegenständen Eigenschaften, die denen, die sie in sich selbst sehen bzw. gerne sehen würden, ähnlich sind. *Huber et al.* (2001, S. 13) haben auf Grundlage von *Sirgys* (1982, S. 288 ff.) Theorie bestätigt, dass ein Individuum nach einer Kongruenz zwischen seiner eigenen Persönlichkeit und der Persönlichkeit einer Marke strebt. Sie postulieren, dass Menschen durch den Kauf von bestimmten Produkten innere Motive und Bedürfnisse befriedigen wollen. Hierzu vergleichen sie Nachfrager- und Markenpersönlichkeit miteinander, um die Ziele, die eine Person beim Kauf einer Marke realisieren will, nachzuvollziehen (Huber et al., 2001, S. 13). Die Präsentation von Markenpersönlichkeiten, die einer durch den Konsumenten präferierten Marke durchweg ähneln, sollten daher positiver wahrgenommen werden, als die Präsentation von Marken, die unähnlich zur zuvor betrachteten und beliebten Marke sind. Dies geht auf die gleichen Überlegungen zurück, die auch schon mit dem Hinweis auf die Überwindung der kognitiven Dissonanz zur Begründung des Einflusses der Loyalität einer Marke angeführt wurden (Stahlberg et al., 1996, S. 127). Je mehr die Zusammenstellung der in einer Anzeige präsentierten Marken auf einen Konsumenten zugeschnitten ist, desto eher sollte dieser sich mit diesen vollständig identifizieren können.

Sind die in der Werbeanzeige präsentierten Markenpersönlichkeiten unähnlich zu der vorher betrachteten Marke, so stellt sich kein positiver Effekt ein. Je stärker sich eine Person mit der in einem Online-Shop gesehen Marke identifiziert, desto weniger fühlt er sich durch unähnliche Markenpersönlichkeiten in Retargeting-Anzeigen angesprochen. Auch hier lässt sich wieder *Sirgys* Selbstkongruenztheorie (1986, S. 12 ff.) anführen: Je mehr die Eigenschaften einer

Markenpersönlichkeit von denen abweichen, die eine Person gerne hätte bzw. besitzt, desto weniger sind diese für diese Person interessant. Daher gilt folgender Zusammenhang:

H_2:	Je ähnlicher die Marken gegenüber einer präferierten Marke wahrgenommen werden, desto höher ist das Interesse an einer Anzeige.

Allerdings steht - wie es der Privacy Calculus beschreibt - ein Internetnutzer bei der Betrachtung einer personalisierten Werbeanzeige immer auch einem Trade-Off gegenüber. Dieser Trade-Off besteht darin, dass er Nutzen und Risiko der Personalisierung (Dinev & Hart, 2006, S. 62) gegeneinander abwägt. Wenn die Vorteile, die eine Personalisierung von Werbeanzeigen mit sich bringt, nicht ausreichen, um die Risiken zu überdecken, sind Nutzer nicht länger bereit, ihre Daten preiszugeben bzw. personalisierte Werbeanzeigen zu nutzen (Culnan & Armstrong, 1999, S. 106). Risiko wird in der Konsumentenforschung allgemein assoziiert mit Gefühlen der Unsicherheit, Unbehaglichkeit und/oder Angst, die Individuen bei der Verarbeitung von bestimmten Situationen wahrnehmen (Dowling & Staelin, 1994, S. 120). Im Kontext der Online-Personalisierung wird von einem Privatsphäre-Risiko ausgegangen (Chai et al., 2009, S. 170). *Smith et al.* (2011, S. 1001) beschreiben dieses als *„the degree to which an individual believes that a high potential for loss is associated with the release of personal information"*.

Risiken lösen beim Nutzer eine Besorgnis über die Freiheitsentfaltung im Internet aus. *Brehm* (1966, S. 377 ff.) beschreibt dieses Phänomen mit seiner Theorie der psychologischen Reaktanz. Generell leben Personen mit der Vorstellung, dass sie Freiheit in der Ausübung bestimmter Verhaltensweisen besitzen. Dabei ist allerdings nicht relevant, dass die Person die Freiheit auch tatsächlich besitzt (Fuchs & Unger, 2014, S. 549). Sie ist möglicherweise bis zum Eintreten bestimmter, noch unbekannter Barrieren nicht in der Lage eine konkrete Handlungsweise auszuüben (Fuchs & Unger, 2014, S. 549). Bis zu diesen Zeitpunkt lebt sie aber in der Annahme die betreffende Freiheit zu besitzen, und alleine das ist für die eintretende psychologische Konsequenz relevant. Jede tatsächliche, vermutete oder für die Zukunft erwartete Einschränkung führt zu einem inneren Spannungszustand (Fuchs & Unger, 2014, S. 549). Mit der Motivation zur Reduktion dieses Spannungszustands und zur Wiederherstellung der Freiheit, wird der Begriff der psychologischen Reaktanz beschrieben (Fuchs & Unger, 2014, S. 549).

Überträgt man den Grundgedanken der Theorie der psychologischen Reaktanz auf die Wahrnehmung von personalisierten Werbeanzeigen, so kann hier ebenfalls von einer Freiheitseinschränkung ausgegangen werden, sofern der Internetnutzer die Personalisierung als Risiko wahrnimmt (Baek & Moritmoto, 2012, S. 61). Die Freiheitsbedrohung äußert sich zunächst in der Besorgnis über die Freiheitsentfaltung im Internet und kann von der Meidung von Werbeanzeigen (Baek & Moritmoto, 2012, S. 61) bis hin zu negativer Mund-zu-Mundpropaganda führen (Culnan & Armstrong, 1999, S. 105). Mit ansteigender Reaktanz wächst die Aufmerksamkeit des Konsumenten (Erdtmann, 1989, S. 178). Im Rahmen von Sponsoring-Botschaften beispielsweise führt diese dazu, dass Konsumenten sich kritisch mit dieser auseinander setzen und sie kognitiv tiefer verarbeiten (Erdtmann, 1989, S. 178). Dies hat in dem hier beschriebenen Zusammenhang einen negativen Einfluss auf die Wahrnehmung der Markenpersönlichkeiten. So können Markenpersönlichkeiten bzw. -ähnlichkeiten nach *Yang et al* (2014, S. 986) nur einen positiven Einfluss auf die Präferenz haben (hier: Interesse an Anzeige), wenn ein Konsument keine bewussten Einstellungen um diese herum bildet. Zwar beziehen sich die Autoren auf die Einstellung gegenüber der Marke (Yang et al., 2014, S. 986), jedoch liegt es auf der Hand, dass dieser Gedankengang auf eine Anzeige mit ähnlichen Markenpersönlichkeiten übertragbar ist.

Die Begrifflichkeiten Risiko und Besorgnis sollten jedoch voneinander getrennt betrachtet werden, da unter Risiko eher die Gefahr verstanden wird, dass jemand Zugriff auf persönliche Daten hat und die Besorgnis die Sorge um den Umgang mit diesen Daten darstellt (Dinev & Hart, 2006, S. 65). Zunächst kann von einer allgemeinen Sorge beim Nutzen des Internets ausgegangen werden, die sich darauf bezieht, wer Zugang zu persönlichen Daten oder Nutzungsdaten hat. Der Zusammenhang zwischen Risiko und der Privatsphäre-Besorgnis im Internet, welche durch die Personalisierung wahrgenommen wird, ist bereits durch eine Reihe von Arbeiten nachgewiesen worden (Dinev & Hart, 2006, S. 65; Hoadley et al., 2010. S. 59; Liao et al., 2011, S. 705 f.; Xu et al., 2011, S. 803 f.). Die Stärke der Bedrohung lässt sich durch das Ausmaß der wahrgenommenen Beeinflussungsabsicht definieren (West & Wicklund, 1985, S. 256). Je offensichtlicher die Einflussnahme erfolgt, desto stärker wird diese als Bedrohung empfunden und desto höher ist die Wahrscheinlichkeit der Reaktanz (Kloss, 2003, S. 53). Demnach liegt die Vermutung nahe, dass eine Personalisierung stärker als Risiko verstanden wird, desto höher die Wahrnehmung der Bedrohung und desto geringer die Empfänglichkeit für den Charakter einer Marke (höhere Reaktanz) ist. Eine größere Personalisierung stellt in dem hier untersuchten Sachverhalt eine stärkere Ähnlichkeit der Marken dar. Je geringer die Personalisierung ist (Verwendung von unähnlichen Marken), desto weniger stellt dies ein Risiko dar. Die wahrgenommene Bedrohung wird in diesem Fall geringer sein (geringere Reaktanz).

H_3:	Je ähnlicher die Marken gegenüber einer präferierten Marke wahrgenommen werden, desto höher ist die Privatsphäre-Besorgnis des Nutzers im Internet.

3.2.3 Risiko bei der Nutzung eines E-Mail-Portals

Neben dem Risiko, welches ein Nutzer durch die Anzeige wahrnimmt, kommt bei Personalisierungsmaßnahmen auch immer ein wahrgenommenes Risiko über die Nutzung einer Webseite hinzu. In der Literatur lässt sich eine Reihe von Untersuchungen zu Risiken gegenüber Online-Shops finden (Dinev & Hart, 2006, S. 65; Pavlou et al., 2007, S. 105 ff.), aber bei keiner der Studien richtet sich das Augenmerk auf Web-Publisher, die die Werbeflächen für Retargeting-Maßnahmen zur Verfügung stellen. Web-Publisher können Facebook, Nachrichten- oder auch E-Mail-Portale sein. E-Mail-Portale sind für eine Untersuchung der Privatsphäre von besonderem Interesse, da dort täglich datensensible Informationen verschickt und archiviert werden. Angefangen bei der Ausfüllpflicht von Namen und Adresse für die Authentifizierung bis hin zur Auslesung von persönlichen Mails über Rechnungen oder Privat-Mails (z.B. Urlaubsfotos). Ein Risiko, welches die Personalisierung einer Werbeanzeige mit der Nutzung eines E-Mail-Portals verbindet, ist die Gefahr der Spionage.

Um ein genaueres Verständnis über die Risiken bei der Nutzung eines E-Mail-Portals zu erlangen, dient die Principal Agent Theory als Grundlage der folgenden Ausführungen. Der klassischen Principal Agency Theory geht die Überlegung voraus, dass Prinzipale (Käufer) immer mit der Unwissenheit über ein opportunistisches Verhalten des Agenten (Verkäufer) leben (Pavlou et al., 2007, S. 108). Prinzipale müssen für gewöhnlich mehr Informationen preisgeben als Agenten (Pavlou et al., 2007, S. 112). Dieses Phänomen der asymmetrischen Informationsverteilung ist im Fall eines E-Mail-Portals besonders relevant, da dort schon bei der Anmeldung persönliche Daten (wie Wohnort, Alter oder auch Interessen) angegeben werden müssen. Informationsasymmetrien führen zu einem Ungleichgewicht zwischen Prinzipalen (Internetnutzern) und Agenten (E-Mail-Portal). Ergebnisse dieses Ungleichgewichts sind letztlich zum einen das Informationsproblem der *Adversen Selektion* (Akerhof, 1970, S. 491) und zum anderen das *Moral Hazard Problem* (Rothschild & Stiglitz, 1976, S. 642). Das Problem der Adversen Selektion besteht darin, dass ein Agent (E-Mail-Portal-Anbieter) Informationen über seine wahre „Qualität" verbirgt (Akerhof, 1970, S. 491). Im Fall von E-Mail-Portalen entsteht das Problem der Adversen Selektion beispielsweise durch unzureichende Information. Dies können Informationen über Gefahren sein, die sich durch Datenmissbrauch bei der Anmeldung des betreffenden Portals entwickeln können. Geht man hier auf die spezielle Situation ein, dass der Anbieter von E-Mail-Portalen personalisierte Werbeanzeigen neben den Postfächern der Nutzer einblendet, kann beim Nutzer der Eindruck des Datenmissbrauchs/Spionage entstehen, weil er nicht einschätzen kann, welche Bedeutung eine Datensammlung von Fremdanbietern direkt neben seinem Postfach hat. Die Verwendung von personalisierten Werbeanzeigen kann Moral Hazard hervorrufen. Das tritt dann auf, wenn ein Prinzipal über die Verhaltensweisen des Agenten verunsichert ist, da diese von den erwarteten Handlungen abweicht (Dinev & Hart, 2006, S. 65; Pavlou, et al., 2007, S. 110). Diese Form bezeichnet man als endogene Unsicherheit (Ahlert et al., 2007, S. 16).

Zusätzlich kann auch das Konzept des wahrgenommenen Risikos zur Erklärung der Gefahren bei der Nutzung von E-Mail-Portalen herangezogen werden (Bauer, 1960, S. 390 ff.). Hierbei geht es um die Informationen, die einem Internetnutzer bei Nutzung des E-Mail-Portals zur Verfügung gestellt werden. Informationen, die ein Internetnutzer von seinem E-Mail-Betreiber erhält, können falsch, unvollständig, einseitig oder veraltet sein. Damit steht man vor dem Problem von Qualität und Objektivität der bereitgestellten Informationen des E-Mail-Betreibers. Vielen Verbrauchern liegt ein entsprechendes Fachwissen zur Abschätzung von Sicherheitsrisiken nicht vor. Neben der Sammlung von Daten gibt es eine Reihe anderer Sicherheitslücken in E-Mail-Portalen durch Viren, Trojaner oder Hackerangriffe, die nicht nur zur Gefährdung von Daten führen können, sondern vielmehr zum Entzug der informellen Autonomie (Smith, 2004, S. 226). Im vorherigen *Kapitel 2.2.2* wird diese Form der Unsicherheit als exogene Unsicherheit beschrieben (Ahlert et al., 2007, S. 16). Nutzer, denen diese Probleme bewusst sind, versuchen sich über Virenschutzprogramme und Sicherheitseinstellungen in ihren Browsern zu schützen. Durch komplexer werdende Sicherheitsbedrohungen wird die Abwägung der Risiken zunehmend erschwert (Smith, 2004, S. 224). In diesen Situationen wird versucht, wie *Luhmann* (1989, S. 98 ff.) es beschreibt, die Komplexität der Informationen zu reduzieren. Da die Wenigsten die Situation nutzen werden, um ihre Wissenslücke zu füllen - dafür sind Ressourcen, Zeit und kognitive Fähigkeiten oft zu begrenzt - betrachten sie die ihnen zur Verfügung gestellten Informationen und gewichten sie hinsichtlich ihrer Qualität (Roselius, 1971, S. 58; Katz, 1983, S. 32 ff.). Dabei haben Vertrauen (Luhmann, 1989, S.

26 f.), Glaubwürdigkeit (Baumgärtner, 2008, S. 56) und Einstellung (Lee, 2009, S. 133 f.) einen hohen Einfluss auf die Wahrnehmung des E-Mail-Betreibers. Alle drei Faktoren können als Risikoreduktionsstrategien verstanden werden (Bauer, 1960, S. 392). Wenn eine Person also weniger über Spamschutz, die Form der Datensammlung und die Funktionsweise der Werbemaßnahmen des E-Mail-Portal-Betreibers informiert ist, wird sie eine Risikoeinschätzung über ihr Vertrauen, Glaubwürdigkeit oder Einstellung gegenüber des E-Mail-Anbieters vornehmen (sinngemäß Pavlou et al., 2007, S. 129).

Das wahrgenommene Risiko wirkt sich unmittelbar auf die Privatsphäre-Besorgnis im Internet aus. Ohne ein Mindestmaß an sicherheitstechnischem Hintergrundwissen, welches zudem ständig aktualisiert werden muss, bleibt die Nutzung des Internets für viele Menschen intransparent und ist damit eine Quelle des Misstrauens (exogene Unsicherheit). Wenn ein Nutzer zusätzlich die Verwendung seines E-Mail-Portals als vertrauensunwürdig einstuft, kann diese Besorgnis steigen (endogene Unsicherheit) (Fláviu & Guinalíu, 2006, S. 604; Ahlert et al., 2007, S. 16).

H_4:	Je höher das wahrgenommene Risiko bei Nutzung des E-Mail-Portals, desto höher ist die Privatsphäre-Besorgnis des Nutzers im Internet.

3.3 Effekte des Privacy Calculus

3.3.1 Privatsphäre-Besorgnis gegenüber dem E-Mail-Portal

Die Theorie des Privacy Calculus beschreibt den Zusammenhang der Kosten-Nutzen-Abwägung. Die Folge des Nutzenfaktors bei der Personalisierung von Retargeting-Anzeigen wird hier mit einem erhöhten Interesse an einer solchen Anzeige beschrieben. Das Resultat des Kostenfaktors bei Wahrnehmung der Personalisierung verarbeitet ein Nutzer im Rahmen der Internetbesorgnis (Dinev & Hart, 2006, S. 63; Pavlou et al., 2004, S. 108). Das Interesse an einer Retargeting-Anzeige und die Internet-Besorgnis kann folglich auf einer Ebene betrachtet werden, da erst eine Abwägung beider Komponenten zu einer Entscheidung über die Verhaltensabsicht führt (Dinev & Hart, 2006, S. 62). Dazu wägt ein Internetnutzer Risiken einer Informationspreisgabe (hier: die Nutzung einer personalisierten Werbeanzeige) mit den verbundenen Vorteilen ab (Dinev & Hart, 2006, S. 67).

Li (2014, S. 42) weist in seiner Untersuchung der Privatsphäre-Besorgnis nach, dass eine Verhaltensabsicht erst nach Eintreten einer Webseiten-Besorgnis entsteht. Er unterscheidet drei verschiedene Arten der Privatsphäre-Besorgnis. Ausgehend von einer allgemeinen Privatsphäre-Besorgnis differenziert er die Internet- von der Webseiten-Besorgnis (Li, 2014, S. 32 ff.). Er untersucht das Zusammenspiel der drei Besorgnisarten und postuliert einen Einfluss der Internet-Besorgnis auf die Webseiten-Besorgnis. Grundlage für diese Vermutung ist die Einstellungstheorie (Fishbein & Ajzen, 1975). Diese geht von der Annahme aus, dass generelle Ansichten und Einstellungen - im Vergleich zu speziellen - eine differenzierte Rolle im menschlichen Verhalten spielen (Ajzen & Fishbein, 2000, S. 1 ff.). Die Stärke eines Einstellungskonstrukts auf ein Verhaltenskonstrukt hängt im Wesentlichen davon ab, wie sehr die Einstellung mit der Handlung verbunden ist. Im Kontext von Retargeting-Anzeigen ist also davon auszugehen, dass die spezifischere Besorgnis bezüglich einer Webseite, auf der sich die Anzeige befindet, eher eine Handlung auslöst als die generellere Besorgnis sich im Internet zu bewegen (Li, 2014, S. 37). *Li* (2014, S. 42) untersucht diesen Einfluss in Bezug auf verschiedene Industrien. Nicht in jeder Branche konnte ein signifikanter Effekt zwischen den beiden Konstrukten festgestellt werden. Je stärker jedoch die Webseiten einen Finanzbezug haben, desto eher zeigt sich ein signifikanter Effekt der Größen (Li, 2014, S. 42). Aus diesen Überlegungen ergeben sich folgende Hypothesen:

H_5: Je höher das Interesse eines Nutzers an einer Anzeige ist, desto geringer wird die Privatsphäre-Besorgnis gegenüber dem E-Mail-Portal sein.

H_6: Je höher die Privatsphäre-Besorgnis eines Nutzers im Internet ist, desto höher wird die Privatsphäre-Besorgnis gegenüber dem E-Mail-Portal sein.

3.3.2 Einstellung gegenüber der Anzeige

Weiterführend beeinflusst die Privatsphäre-Besorgnis die Einstellung gegenüber einer Retargeting-Anzeige. Die Einstellung ist definiert als *„an individual's evaluation of an object“* (Mitchell & Olson, 1981, S. 318) und bezieht sich auf positive und negative Gefühle, die ein Individuum gegenüber besagtem Objekt hat (Ajzen & Fishbein, 2000, S. 12). Basierend auf *Ajzens* Theorie des geplanten Verhaltens (1985, S. 13) wird in zahlreichen Studien die Einstellung gegenüber einem Verhalten als Resultat der Überzeugung über mögliche Folgen eines Verhaltens gesehen. Analog zum Privacy Calculus liegen auch hier der Einstellung verhaltensbezogene Überzeugungen zugrunde, die wiedergeben, inwieweit eine Person davon überzeugt ist, dass die Ausübung eines bestimmten Verhaltens zum gewünschten Ergebnis führt (Ajzen, 1985, S. 13; Dinev & Hart, 2006, S. 63). Während dem Privacy Calculus-Ansatz eine Kosten-Nutzen-Abwägung in Bezug auf die Privatsphäre bei der Nutzung einer personalisierten Werbeanzeige zugrunde liegt (Dinev & Hart, 2006, S. 63), stellen bei *Ajzen* die Überzeugung über die Folgen, die ein Privatsphäre-Eingriff bei der Nutzung von Personalisierungs-Maßnahmen hat (Überzeugung über Folgen eines Verhaltens), den Ausgangspunkt für die Einstellung gegenüber der Nutzung einer Anzeige dar (Einstellung gegenüber Verhalten). Ein Hinweis, dass Privatsphäre-Besorgnisse die Einstellung gegenüber Webseiten beeinflussen können, liegt bereits vor (Li, 2014, S. 36), ebenso auch, dass das wahrgenommene Risiko beim Informationsaustausch die Einstellung persönliche Daten bereitzustellen bestimmt (Dinev & Hart, 2006, S. 66; Li, 2012, S. 474). Handelt es sich bei erstgenannten um eine Einstellung gegenüber einem Objekt (Webseite), lässt sich dieser Effekt hier auch bei Werbeanzeigen vermuten. Ist eine Person also davon überzeugt, dass die Nutzung einer personalisierten Werbeanzeige keine schwerwiegenden Folgen für ihre Privatsphäre darstellt, wird sie in Anlehnung an *Ajzen's* (1985, S. 13) und *Li's* (2014, S. 36) Erkenntnisse eine positive Einstellung gegenüber einer Retargeting-Anzeige bilden.

H_7: Je geringer die Privatsphäre-Besorgnis eines Nutzers gegenüber dem E-Mail-Portal ist, desto positiver ist die Einstellung gegenüber einer Anzeige.

3.3.3 Klickabsicht als Zielgröße

Das Einstellungskonstrukt (Einstellung gegenüber der Retargeting-Anzeige) bildet den Kern zur Erklärung der Verhaltensabsicht (Klickabsicht auf Retargeting-Anzeige). Dies postuliert unter anderem *Ajzen* in der von ihm entwickelten Theorie des geplanten Verhaltens (Ajzen, 1985, S. 11 ff.). Die Theorie geht davon aus, dass die Intention einer Person ein Verhalten auszuführen, umso stärker ist, je positiver diese Person der Handlung selbst gegenübersteht (Ajzen, 1988, S. 133). Dieser Wirkzusammenhang kann auch durch zahlreiche Studien belegt werden, wonach die Einstellung die Wirkungsvariable mit der höchsten Signifikanz auf die

Verhaltensabsicht darstellt (Chang et al., 1996, S. 80; Gopi & Ramayah, 2007, S. 356; Lim & Dubinsky, 2005, S. 851). Aus dieser Überlegung erschließt sich die folgende Hypothese:

H_8:	Je positiver die Einstellung gegenüber einer Anzeige, desto höher ist die Klickabsicht.

3.4 Effekte der moderierende Variablen

Wie bereits in *Kapitel 2.3.1* dargelegt, unterscheidet sich die Wahrnehmung der Privatsphäre-Besorgnis zwischen verschiedenen Individuen. Das psychologische Bedürfnis nach Privatsphäre stellt dabei den fundamentalen Wert von Privatsphäre für eine einzelne Person dar (Laufer & Wolfe, 1977, S. 22 ff.; Li, 2014, S. 35; Westin, 2003, S. 22 f.). *Laufer* und *Wolfe* (1977, 22 ff.) weisen bei ihrer Untersuchung des Privacy Calculus nach, dass die Stärke der Zusammenhänge von persönlichen Charaktereigenschaften und Umwelteinflüssen abhängen. So gibt es Individuen, die höheren Wert auf Privatsphäre legen als andere und zwar unabhängig vom Kontext (also ob Offline oder Online) (Li, 2014, S. 35). Je stärker eine Person im Generellen über ihre Privatsphäre (z. B. körperlich, im Nachrichtenaustausch oder räumlich) besorgt ist, desto eher trägt sie diese Sorge auch in Online-Umgebungen mit. Auch frühere Erfahrungen mit Einschränkungen der Privatsphäre können hier eine Rolle spielen (Hann et al., 2007, S. 23). Unter Umwelteinflüssen wird z.B. die Wahrnehmung von staatlichen oder nicht-staatlichen Institutionen unternommenen Regulierungsversuche zur Sicherung des Datenschutzes verstanden (Flavian & Guinlíu, 2006, S. 601). Bisherige Forschungsarbeiten haben gezeigt, dass 91% der Probanden nicht davon ausgehen, dass Unternehmen oder der Staat genug zur Gewährleistung ihres Datenschutzes tun (Nowak & Phelps, 1992, S. 36). Je weniger sich Individuen also durch den Staat und Firmen unterstützt fühlen, desto eher sind sie über ihre Privatsphäre besorgt (Lwin & Williams, 2004, S. 260).

Der Einfluss des individuellen Wertes von Privatsphäre innerhalb von Online-Umgebungen ist in der Forschung bereits untersucht worden (Hann et al., 2007, S. 13 ff.; Jensen et al., 2005, S. 204 ff.; Westin, 2003, S. 22 f.). Dabei haben sich die von *Westin* (1990) identifizierten Segmente in der Forschung etabliert. Privacy Fundamentalists, Privacy Pragmatists und Privacy Unconcerned sind die von ihm unterschiedenen Privatsphäre-Gruppen. In Übereinstimmung mit vorher genannten Überlegungen unterscheiden sich die Gruppen hinsichtlich der Beurteilung gegenüber Privatsphäre-Besorgnissen aufgrund ihrer unterschiedlichen Charaktereigenschaften (Hann et al., 2007, S. 20). Aus dieser Überlegung ergibt sich folgende Hypothese:

H_9:	Die Stärke der Konstruktzusammenhänge zwischen den Nutzergruppen Privacy Fundamentalists, Pragmatists und Unconcerned weichen voneinander ab.

Auch hinsichtlich der externen Umwelteinflüsse, wie z.B. Regulierungsversuchen von Webseitenbetreibern oder Gesetzgebern, gibt es theoretische Überlegungen. *Pavlou et al.* (2007, S. 116 f.) untersuchen in ihrer Arbeit den Einfluss von „Website Informativeness" (übersetzt: Aussagekraft einer Webseite) auf die wahrgenommene Unsicherheit von Webseitenbesuchern. Unter Website Informativeness werden alle Informationen zusammengefasst, die ein Nutzer über die Verkaufspraktiken, Privatsphäre- und Sicherheitsregulierungen eines Webseitenbetreibers sammeln kann (Pavlou et al., 2007, S. 116). Mit der Erhöhung der Website Informativness kann die allgemeine Unsicherheit, die beim Webseitennutzer entsteht, reduziert werden (Pavlou et al., 2007, S. 129). Da Konsumenten immer weniger das Gefühl erhalten, Kontrolle über ihre persönlichen Daten im Internet zu haben und die erwartete Selbstregulierung der Konsumenten seitens der Gesetzgeber dieser Besorgnis keinen Abbruch tut, müssen Unternehmen die Regulierungsmethoden vorgeben, um die Sicherheit der Konsumenten zu gewährleisten (Flavián & Guinalíu, 2007, S. 605). Marketingkampagnen, die gezielt die Sicherung des Datenschutzes ansprechen, können die Website Informativeness erhöhen, die Unsicherheitsfaktoren reduzieren und die im Privacy Calculus beschriebene Risiko-Nutzen-Abwägung positiv beeinflussen. Man kann also von folgender Hypothese ausgehen:

H_{10}:	Die Stärke der Konstruktzusammenhänge weichen voneinander ab, wenn die Nutzer mit einer Datenschutzkampagne konfrontiert werden oder nicht.

Die abschließende Übersicht enthält sämtliche Hypothesen auf einen Blick. Dabei stellen die Hypothesen 1 bis 8 die direkten dar und die Hypothesen 9 und 10 die moderierenden Effekte dar.

Hypothesenübersicht	
H_1:	Je höher die Loyalität gegenüber einer Marke ist, desto geringer ist das Interesse an einer Anzeige, die Produkte (un)/ähnlicher Marken enthält.
H_2:	Je ähnlicher die Marken gegenüber einer präferierten Marke wahrgenommen werden, desto höher ist das Interesse an einer Anzeige.
H_3:	Je ähnlicher die Marken gegenüber einer präferierten Marke wahrgenommen werden, desto höher ist die Privatsphäre-Besorgnis des Nutzers im Internet.
H_4:	Je höher ein Risiko bei Nutzung des E-Mail-Portals wahrgenommen wird, desto höher ist die Privatsphäre-Besorgnis des Nutzers im Internet.
H_5:	Je höher das Interesse eines Nutzers an einer Anzeige ist, desto geringer ist die Privatsphäre-Besorgnis gegenüber dem E-Mail-Portal.
H_6:	Je höher die Privatsphäre-Besorgnis eines Nutzers im Internet ist, desto höher ist die Privatsphäre-Besorgnis gegenüber dem E-Mail-Portal.
H_7:	Je geringer die Privatsphäre-Besorgnis eines Nutzers gegenüber dem E-Mail-Portal ist, desto positiver ist die Einstellung gegenüber einer Anzeige.
H_8:	Je positiver die Einstellung gegenüber einer Anzeige, desto höher ist die Klickabsicht.
H_9:	Die Stärke der Konstruktzusammenhänge zwischen den Nutzergruppen Privacy Fundamentalists, Pragmatists und Unconcerned weichen voneinander ab.
H_{10}:	Die Stärke der Konstruktzusammenhänge weichen voneinander ab, wenn die Nutzer mit einer Datenschutzkampagne konfrontiert werden oder nicht.

Tabelle 2: Übersicht zu den Hypothesen

4 Empirische Überprüfung des Modells

4.1 Grundlegende Konzeption

4.1.1 Ergebnisse des Pretests

In einem ersten Schritt wird der Untersuchungsgegenstand ausgewählt und über die Auswahl der Marken durch eine Vorstudie entschieden. Danach folgt mit den Ergebnissen des Pretests die Festlegung der Konzeption der Hauptstudie. Die Datenerhebung in Vor- und Hauptstudie erfolgte ausschließlich online.

Untersuchungsgegenstand sind Sportschuhe. Da das Phänomen der Selbstkongruenz auf der Animismus-Theorie basiert, muss es sich um ein Produkt handeln, bei dem es den Befragten einfach fällt, menschliche Attribute zuzuweisen (Strebinger et al., 1998, S.23). Je mehr sich eine Person mit einer Marke identifizieren kann (Selbstkongruenz), desto besser erkennt sie auch eine Persönlichkeit in dieser Marke (Sirgy, 1982, S. 288 ff). Die Produktkategorie der Sportschuhe scheint diese Bedingung zu erfüllen, da die zugehörigen Produkte häufig im Rahmen des demonstrativen Konsums genutzt werden und folglich identitätsstiftend sind. Bei Betrachtung der hohen Werbe- und Sponsoring-Ausgaben von Sportmarken, lässt zudem auf ein ausgeprägtes Wissen der Probanden schließen (Vasquez et al., 2002, S. 33), was eine weitere Bedingung für die erfolgreiche Durchführung der Studie darstellt.

Für die Konzeption der empirischen Studie muss als nächstes bestimmt werden, welche Sportmarken die von *Hieronismus* (2002, S. 205) unterschiedenen Markenpersönlichkeitseigenschaften „Vertrauen & Sicherheit" bzw. „Temperament & Leidenschaft" widerspiegeln. Die Teilnehmer der Vorstudie sind aus diesem Grund gebeten worden 12 Sportmarken hinsichtlich ihrer Persönlichkeit auf einer 5-Punkt-Likert-Skala zu bewerten. Dazu haben ihnen jeweils 11 Charaktereigenschaften als Grundlage gedient. Die Eigenschaften „bodenständig", „ehrlich", „authentisch", „zuverlässig", „intelligent" und „erfolgreich" beschreiben dabei die Markendimension „Vertrauen & Sicherheit", wohingegen die Charaktermerkmale „fröhlich", „wagemutig", „temperamentvoll", „phantasievoll" und „modern" Aufschluss über die Markendimension „Temperament & Leidenschaft" geben.[14] Damit bei der Beurteilung der Markenpersönlichkeit keine Verzerrung aufgrund unzureichender Erfahrung mit der Marke ent-

[14] Die Itembatterie repräsentiert auch die von *Aaker* (1997, S. 348 ff.) unterschiedenen Markendimensionen Kompetenz, Aufrichtigkeit und Spannung/Erregung. Es konnte allerdings nur eine Sportmarke für die Dimension Spannung/Erregung identifiziert werden, somit wurden die Marken auf die von *Hieronismus* unterschiedenen Markendimensionen angewendet.

steht, haben die Probanden lediglich die ihnen bekannten Marken hinsichtlich ihrer Charaktereigenschaften beurteilt. Als Orientierungshilfe sind ihnen jeweils Damen- bzw. Herren-Sportschuhe der Marken angezeigt worden.

Im Rahmen des Pretest sind 29 Personen befragt worden, darunter waren 15 Frauen und 14 Männer. Aus den 12 untersuchten Sportmarken können lediglich drei der Markendimension „Temperament & Leidenschaft" zugeordnet werden. Zu diesen gehören die Marken Nike, mit einem durchschnittlichen Wert von 3,97, Puma (3,35) und K-SWISS (3,15). Keine der Marken hebt sich deutlich von den anderen hinsichtlich der funktionalen Dimension ab. Trotz allem lassen sich für diese drei Marken insgesamt höhere Werte für emotionale als für funktionale Persönlichkeitsmerkmale nachweisen. Aus diesem Grund sind sie der Markendimension „Temperament & Leidenschaft" zuzuordnen. Dabei sind die Marken Nike und Puma allen Teilnehmern des Pretest bekannt. Mit der Marke K-SWISS haben lediglich fünf Teilnehmer keine Erfahrungen gemacht.

	Markendimensionen nach Aaker			**Markendimensionen nach Hieronismus**		
Marke	**Sincerity**	**Excitement**	**Competence**	**Vertrauen & Sicherheit**	**Leidenschaft & Temperament**	**Kongruenz**
Nike	3,64	3,96	3,94	3,73	3,97	3,50
Adidas	3,73	2,84	3,87	3,93	2,87	2,79
Puma	3,39	3,34	3,26	3,33	3,35	2,52
Reebok	3,35	2,66	3,24	3,40	2,67	2,17
Asics	3,61	2,74	3,58	3,70	2,79	2,64
The North Face	3,63	2,78	4,00	3,99	2,74	2,44
Kappa	2,96	2,34	2,40	2,70	2,44	1,59
K-SWISS	3,17	3,08	2,83	2,95	3,15	2,28
Fila	3,03	2,41	2,95	3,04	2,47	2,07
Ecco	3,14	2,91	3,28	3,21	2,96	2,20
Joma	2,42	2,08	2,06	2,22	2,17	1,33
Kangaroos	3,12	2,60	2,82	2,95	2,72	2,12

Tabelle 3: Ergebnisse des Pretests

Im Gegensatz dazu passen die restlichen neun Marken eher zur Markendimension „Vertrauen & Sicherheit". Hierbei zeigen sich die höchsten durchschnittlichen Werte bei The North Face (3,99), Adidas (3,93) und Asics (3,70). Der Unterschied zwischen funktionalen und emotionalen Eigenschaften bildet sich bei diesen Marken wesentlich deutlicher ab. Emotionale Eigenschaften werden ihnen nur unterdurchschnittlich stark zugerechnet. Die Marke Adidas ist jedem Teilnehmer bekannt, die Marke Asics ist lediglich von einer Person nicht erkannt worden, wohingegen mit der Marke The North Face zwei Probanden keine Erfahrungen gemacht haben.

Alle Probanden sind zu der Ähnlichkeit zwischen ihrer eigenen Persönlichkeit und der zu bewerteten Markenpersönlichkeit befragt worden. Die Marken mit den höchsten Identifikationswerten sind dabei Nike (3,50) und Adidas (2,79). Aus diesem Grund, gemeinsam mit den oben beschriebenen Ergebnissen, dienten diese beiden Marken schließlich als Untersuchungsobjekte.

4.1.2 Ausgestaltung der Hauptstudie

Die Ergebnisse des Pretest dienen als Basis für die Ausgestaltung der Szenarien der Hauptstudie. Um die Wiedergewinnung eines potentiellen Onlineshop-Kunden für die Studie nachzustellen, muss der Teilnehmer in die Lage versetzt werden, dass er bereits einen Online-Shop besucht hat und unmittelbar daraufhin durch eine Werbeanzeige dazu aufgerufen wird, dorthin wieder zurückzukehren.

Die Ausgestaltung der Werbeanzeige erfolgte entsprechend der Marken, mit denen sich die Teilnehmer besser identifizieren konnten. Ein Ergebnis der Vorstudie ergab, dass es sich bei den vielversprechenden Marken um Nike und Adidas handelt. Vor diesem Hintergrund wurden die Teilnehmer gebeten, sich innerhalb eines Online-Shops zu bewegen und dabei Produktseiten für die Sportschuhe der Marken Nike und Adidas genauer anzuschauen. Letztlich sollten sie die Marke wählen, mit der sie sich stärker identifizieren können. Um letztlich ermitteln zu können, ob Markenähnlichkeiten einen Einfluss auf die Einstellung gegenüber Retargeting-Anzeigen haben, wurden den Probanden in einer anschließend aufgezeigten Werbeanzeige ähnliche bzw. unähnliche Marken zu Adidas bzw. Nike präsentiert. Hat sich ein Teilnehmer z.B. für Nike entschieden, werden ihm danach in einer in einem Email-Portal eingeblendeten Werbeanzeige entweder ähnliche Marken wie Puma und K-SWISS oder unähnliche Marken wie The North Face und Asics angezeigt. Die Auswahl der zu den Marken Adidas und Nike passenden bzw. unpassenden Marken, erfolgte anhand der Wahrnehmung der jeweiligen Markenpersönlichkeit, die in der Vorstudie abgefragt wurde. Je nach Geschlecht des Probanden wurden bei der Präsentation in der Retargeting-Anzeige Männer- und Frauen-Schuhe unterschieden.

Als Umfeld für die Werbeanzeige diente ein fiktives E-Mail-Portal. So kann der Einfluss des bekannten Umfeldes ausgeschlossen werden. Darüber hinaus ist so die Möglichkeit gegeben, zwei Szenarien zu unterscheiden: Das erste Szenario soll einen E-Mail-Anbieter darstellen, der nicht mit Datenschutz wirbt. Das Zweite dagegen beschreibt einen E-Mail-Anbieter, der eine Datenschutzkampagne ins Leben gerufen hat, die insbesondere die Privatsphäre der Nutzer betont. Bei einem real existierenden E-Mail-Anbieter hätten Probanden nun dazu neigen können, die Kampagne auf Grundlage der bereits gemachten Erfahrungen mit dem Portal zu bewerten. Zumal das Ergebnis zusätzlich dadurch hätte verzerrt werden können, ob der E-Mail-Anbieter bereits öffentlich durch Datenschutzkampagnen oder -probleme bekannt ist.

	Nike	Nike ähnlich
Frauen		PUMA
		K-SWISS
Männer		PUMA
		K-SWISS

Tabelle 4: Markenauswahl zu „Temperament & Leidenschaft“ für Männer und Frauen

GMX, Telekom und Web.de beispielsweise stehen zudem mit ihrer Initiative „E-Mail made in Germany“ in der Öffentlichkeit. Bekommen die Teilnehmer nun aufgrund der Konzeption des Experiments ein E-Mail-Postfach von einem dieser Anbieter ohne Datenschutzhinweis angezeigt, wäre die Bewertung der Retargeting-Maßnahme vermutlich unbewusst vor dem Hintergrund der bekannten Kampagne bewertet worden. Eine andere Möglichkeit bestünde darin, eine Auswahl von realen E-Mail-Portalen zu offerieren, so dass jeder Proband genau das E-Mail-Portal angezeigt bekommt, welches er privat auch nutzt. So können GMX, Telekom und Web.de als Anbieter mit Datenschutzkampagne und Google, Arcor, Aol usw. ohne Datenschutzkampagnen unterschieden werden.

	Adidas	Adidas ähnlich
Frauen	adidas	asics
		THE NORTH FACE
Männer	adidas	asics
		THE NORTH FACE

Tabelle 5: Markenauswahl zu „Vertrauen & Sicherheit" für Männer und Frauen

Da in Deutschland der größte Teil der Bevölkerung einen Account unter den erst genannten E-Mail-Portalen führt, viele Verbraucher aber auch mehr als einen E-Mail-Anbieter nutzen (Statista, 2014b, [online]), wurde diese Alternative ebenfalls ausgeschlossen. Zudem wäre in diesem Fall der verzerrende Einfluss des generellen Wissens über die verschiedenen Anbieter problematisch. Die Nutzung eines fiktiven E-Mail-Postfachs unterliegt zwar ebenso Limitationen, schließt die eben erläuterten Schwierigkeiten aber zu einem wesentlichen Teil aus. Das erste Szenario, ohne Datenschutzkampagne, wird in *Abbildung 7* dargestellt.

Die Inhalte des Postfaches sind möglichst real dargestellt und enthalten für die Probanden mehr oder weniger datensensible Inhalte. Telefonrechnung, Urlaubsfotos und Paypal-Benachrichtigungen sind dabei solch sensible Daten. Newsletter von Ikea oder Ebay beispielsweise sind dagegen weniger privat.

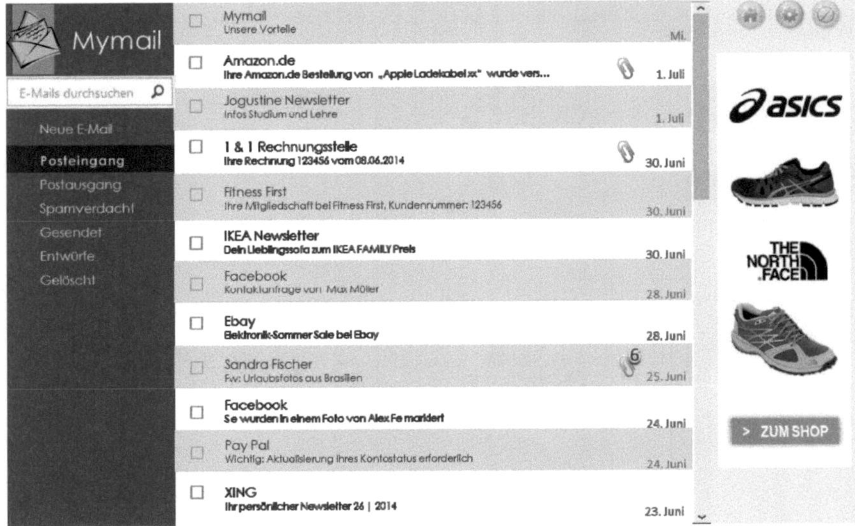

Abbildung 7: E-Mail-Portal ohne Datenschutzkampagne

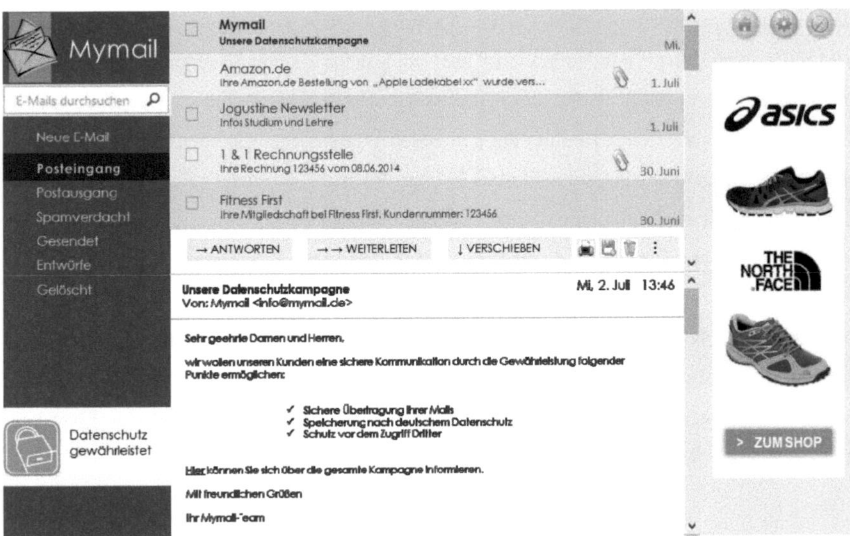

Abbildung 8: E-Mail-Portal mit Datenschutzkampagne

Für das zweite Szenario wird ein E-Mail-Portal mit Datenschutzkampagne aufgeführt. Hier unterscheidet sich die Darstellung durch ein geöffnetes Postfach, in dem eine E-Mail des Anbieters „Mymail“ die drei Vorteile der Kampagne erläutert.

FRAUEN					
Nike Temperament & Leidenschaft			**Adidas** Vertrauen & Sicherheit		
Nr.	**Markenähnlichkeit**	**Datenschutzhinweis**	**Nr.**	**Markenähnlichkeit**	**Datenschutzhinweis**
FN 09:	ähnlich	Kein Datenschutz	**FA 11:**	ähnlich	Kein Datenschutz
FN 13:	ähnlich	Datenschutz	**FA 15:**	ähnlich	Datenschutz
FN 10:	unähnlich	Kein Datenschutz	**FA 12:**	unähnlich	Kein Datenschutz
FN 14:	unähnlich	Datenschutz	**FA 16:**	unähnlich	Datenschutz

Tabelle 6: Die 8 Szenarien der Fragebogenaufteilung für Frauen

Aufgrund dieser Aufteilung entstehen insgesamt 16 verschiedene Szenarien. Für die spätere Auswertung ist die geschlechtsspezifische Trennung der Szenarien irrelevant. *Tabelle 6* zeigt die verschiedenen Fragebögen für Frauen. Eine Visualisierung der Szenarien ist *Abbildung 9* zu entnehmen.

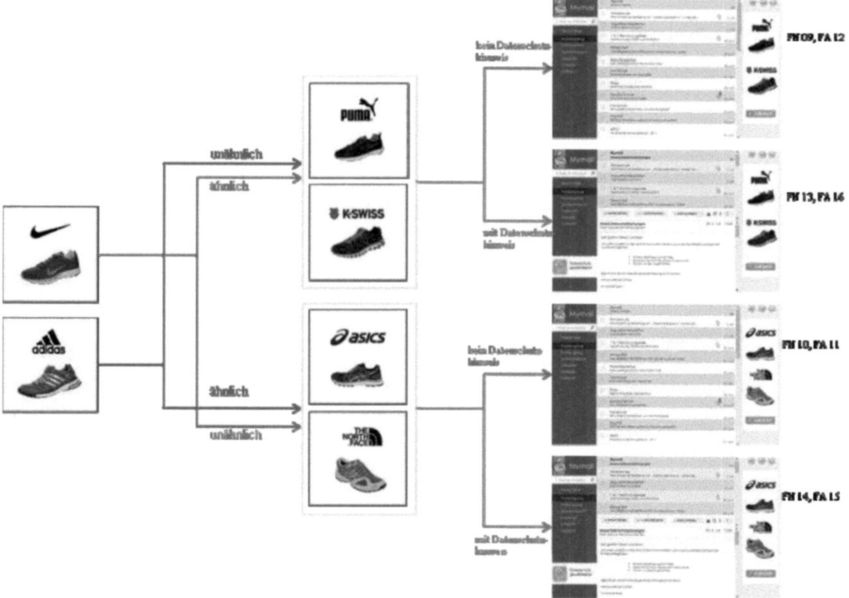

Abbildung 9: Fragebogenaufteilung bei Frauen mit entsprechender Fragebogennummer

Die gleiche Aufteilung erfolgt auch für Männer. Die Fragebogennummer der unterschiedlichen Szenarien ist *Tabelle 7* zu entnehmen.

MÄNNER					
Nike Temperament & Leidenschaft			**Adidas** Vertrauen & Sicherheit		
Nr.	**Markenähnlichkeit**	**Datenschutzhinweis**	**Nr.**	**Markenähnlichkeit**	**Datenschutzhinweis**
MN 01:	ähnlich	Kein Datenschutz	**MA 03:**	ähnlich	Kein Datenschutz
MN 05:	ähnlich	Datenschutz	**MA 07:**	ähnlich	Datenschutz
MN 02:	unähnlich	Kein Datenschutz	**MA 04:**	unähnlich	Kein Datenschutz
MN 06:	unähnlich	Datenschutz	**MA 08:**	unähnlich	Datenschutz

Tabelle 7: Die 8 Szenarien der Fragebogenaufteilung für Männer

Eine Darstellung der abgleiteteten Szenarien für Männer ist *Abbildung 10* zu entnehmen:

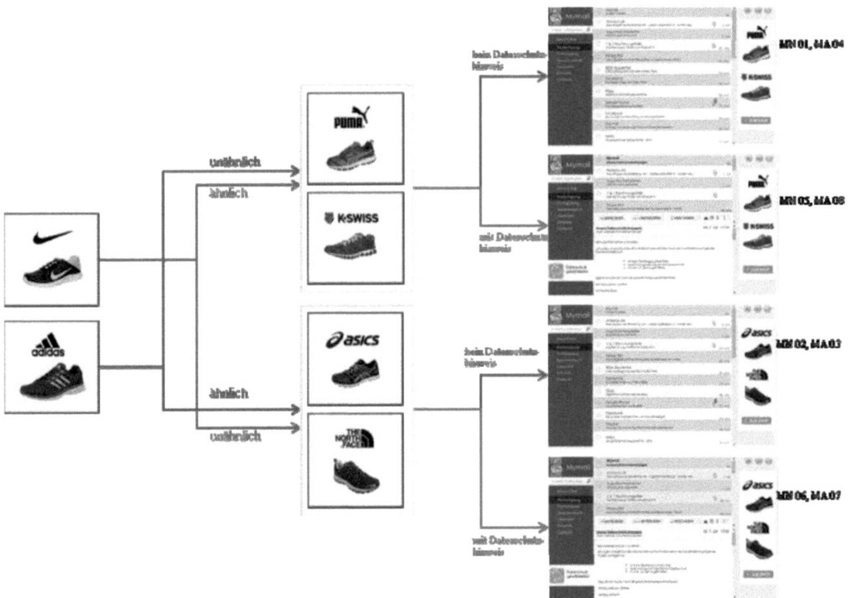

Abbildung 10: Fragebogenaufteilung bei Männern mit entsprechender Fragebogennummer

Für die Analyse der in Kapitel 3 formulierten Hypothesen und der damit verbundenen Wirkungszusammenhänge, müssen alle im Untersuchungsmodell enthaltenen Einflussgrößen mittels entsprechender Aussagen bzw. Fragen, die zu bewerten sind, messbar gemacht werden (Backhaus et al., 2013, S. 71). Die für diese Untersuchung gewählte Operationalisierung für die einzelnen Konstrukte wird im nachfolgenden Kapitel erläutert.

4.2 Operationalisierung der Modellkonstrukte

4.2.1 Markenloyalität

Allgemein sind Messmodelle (mathematisch formalisierte) Anweisungen, wie latenten Variablen beobachtbare Sachverhalte zugeordnet werden können, um diese letztlich messen zu können (Backhaus et al., 2013, S. 73). Latente Variablen weisen nämlich die Besonderheit auf, dass sie nicht direkt beobachtbar sind. Um sie dennoch analysieren zu können, müssen sie durch sogenannte Indikatoren ihren empirischen Bezug durch Operationalisierung erhalten (Huber et al., 2005a, S. 6). Alle Konstrukte werden mittels Statements oder Fragen spezifiziert, welche auf einer 7-stufigen Skala gemessen werden.

Zur Messung der Markenloyalität wird in der einschlägigen Literatur eine Vielzahl von Skalen vorgeschlagen. Nach Ansicht von *Campo et al.* (2000, S. 239) eignen sich vor allem drei Items zur Messung der Loyalität. Sie entstammen den Ausführungen von *Baumgartner* und *Steenkamp* (1996) im Rahmen des „Exploratory buying behavior tendency"-Modells, die die Aufnahmebereitschaft von Innovationen und die Abwechslungsbereitschaft im Einkaufsverhalten untersuchen. *Campo et al.* (2000) untersuchen unter der Verwendung des von *Baumgartner* und *Steenkamps* entwickelten Konstruktes mit ihrer Skala innerhalb von spezifischen Produktkategorien (genau: Haferflocken, Margarine) die Tendenz, den Wiederkauf einer Marke der Suche nach Alternativen vorzuziehen. Für diese Arbeit ist die intendierte Loyalität von Bedeutung, also die Verhaltensabsicht loyal zu bleiben. Diese kommt durch das von *Campo et al.* (2000, S. 239) erstellte Messkonzept gut zum Ausdruck. Mit einer von ihnen gezeigten Reliabilität von 0,86 und 0,89 für *Cronbach's* Alpha in den unterschiedlichen Produktkategorien eignen sich alle drei Items zur Messung des Konstrukts.

Item	**Markenloyalität** (Campo, Gijsbrechts & Nisol, P., 2000)
1	Ich denke von mir, dass ich ein loyaler Kunde dieser___(Marke) bin.
2	Ich bleibe lieber bei der ____(Marke) als etwas auszuprobieren, bei dem ich mir nicht sicher bin.
3	Ich wechsle die Marke____ nur sehr ungern.

Tabelle 8: Items zur Messung des Konstrukts Markenloyalität

4.2.2 Wahrgenommene Ähnlichkeiten der Markenpersönlichkeiten

Zur Operationalisierung der wahrgenommenen Ähnlichkeit der Markenpersönlichkeiten eignet sich im Rahmen der Studie eine Skala von *Aaker* und *Keller* (1990, S. 35 f.). Diese wird ursprünglich verwendet, um den Fit zwischen zwei Produktkategorien zu messen. Die Skala von *Aaker* und *Keller* besteht aus drei kontextspezifischen Statements, die lediglich an die hier entwickelten Szenarien angepasst werden mussten. So erfolgt eine Abfrage des Fits zwischen der Marke, mit der sich der Proband besser identifizieren kann (Nike/Adidas) und jeweils den beiden in der Anzeige enthaltenen Marken. Die hier umschriebenen Marken 1 und 2 können der ausgewählten Marke (Nike/Adidas) in ähnlicher und unähnlicher Form gegenüber treten.

Item	Wahrgenommene Ähnlichkeit von Markenpersönlichkeiten (Aaker and Keller, 1990)
1	Passen Nike/Adidas und Marke 1 zusammen?
2	Passen Nike/Adidas und Marke 2 zusammen?
3	Sind Nike/Adidas und Marke 1 komplementär?
4	Sind Nike/Adidas und Marke 2 komplementär?
5	Sind Nike/Adidas und Marke 1 gleichartig?
6	Sind Nike/Adidas und Marke 2 gleichartig?

Tabelle 9: Items zur Messung des Konstrukts Markenähnlichkeiten

4.2.3 Wahrgenommenes Risikos bei Nutzung des E-Mail-Portals

Das von *Campbell* und *Goldstein* (2001, S. 441) vorgeschlagene Messmodell zur Bestimmung von Gesellschaftsrisiken lässt sich auf verschiedene Formen des wahrgenommenen Risikos übertragen. Aufgrund des umfangreichen Spektrums an Skalen (Bauer, 1960; Cox, 1967; Roselius, 1971), eignet sich ein allgemeines Inventar wohl am ehesten zur Adaptierung auf den hier zu untersuchenden spezifischen Sachverhalt. *Campbell* und *Goldstein* reduzieren ihre Skala auf vier Items, die sich aus zwei affektiven (z.B. „...empfinde ich nicht als risikoreich") und zwei kognitiven (z.B. „...kann keine schlechten Folgen haben") Facetten zusammensetzt. Die Skala von *Campbell* und *Goldstein* wurde für die vorliegende Studie um drei Items erweitert, die das Vertrauen, die Glaubwürdigkeit und die Einstellung gegenüber der Webseite berücksichtigen. Das fünfte Item stammt aus einer Skala von *Pavlou al.* (2007, S. 136), das sechste und das siebte Item sind von *MacKenzie* und *Lutz* (1989, S. 58).

Item	**Wahrgenommenes Risiko bei Nutzung einer Webseite** (Campbell & Goldstein, 2001), (Pavlou et al. 2007), (MacKenzie & Lutz 1989)
1	Dieses E-Mail-Portal zu nutzen, empfinde ich nicht als risikoreich.
2	Dieses E-Mail-Portal zu nutzen, kann keine schlechten Folgen haben.
3	Dieses E-Mail-Portal zu nutzen, hat keine ungewissen Folgen.
4	Dieses E-Mail-Portal zu nutzen, besorgt mich nicht.
5	Das E-Mail-Portal ist vertrauenswürdig.
6	Das E-Mail-Portal ist gut.
7	Das E-Mail-Portal ist glaubwürdig

Tabelle 10: Items zur Messung des Konstrukts Risiko

4.2.4 Interesse an Anzeige

Zur Operationalisierung des potentiellen Nutzenfaktors Interesse an der Anzeige wurde auf eine Skala von *Stevenson et al.* (2000, S. 30) zurückgegriffen. Diese untersucht die kognitiven Aspekte, die eine Person dazu bewegt auf eine Anzeige, ein Produkt in einer Anzeige oder einen Teil der Anzeige aufmerksam zu werden. Ursprünglich geht die Skala auf *Laczniak et al.* (1989, S. 32 f.) zurück, die zwei Bezugspunkte des Interesses berücksichtigt. Die erste Variante misst das Ausmaß, mit dem eine Person dem geschriebenen Wort ihr Interesse schenkt. Die zweite Variante dagegen misst das Interesse gegenüber den visuellen Komponenten der Anzeige. *Stevenson et al.* (200, S. 29 ff.) adaptieren das Konstrukt zur Untersuchung der Effizienz einer Anzeige auf einer Webseite mit komplexen und einfach gehaltenen Hintergrundfarben. Aufgrund der visuellen Komponente sowie der akzeptablen Güte der einzelnen Items (*Cronbach*'s Alpha 0,76) sollte sich die Skala für den hier untersuchten Sachverhalt der Wahrnehmung von Marken ebenfalls eignen.

Item	**Interesse an Anzeige** (Stevenson, Bruner II & Kumar, 2000)
1	Ich habe der Anzeige hohe Aufmerksamkeit geschenkt.
2	Ich habe mich stark auf die Anzeige konzentriert.
3	Ich habe mich vollkommen auf die Anzeige eingelassen.

Tabelle 11: Items zu Messung des Konstrukts Interesse an Anzeige

4.2.5 Privatsphäre-Besorgnis im Internet

In der Literatur findet sich eine Reihe von Skalen zur Messung der Privatsphäre-Besorgnis. Die meisten basieren auf dem Inventar von *Smith et al.* (1996, S. 170). Da sich jedoch die Privatsphäre-Besorgnisse in drei verschiedene Dimensionen einteilen lassen und die Skala besonders auf den unsachgemäßen Umgang von Unternehmen mit persönlichen Daten eingeht, ist diese von verschiedenen Autoren modifiziert worden. *Dinev* und *Hart* (2006, S.77) adaptieren die Skala unter Hinzunahme von Items von *Culnan* und *Armstrong* (1999, S. 109) und beschränken sich dabei auf die Alleinbetrachtung der Besorgnis, die bei der Bereitstellung von Informationen im Internet entsteht. Für die vorliegende Untersuchung sind die Items erneut angepasst worden. Dies ist notwendig, da es sich bei der Betrachtung von Retargeting-Anzeigen nicht um bewusst bereitgestellte Informationen von Internetnutzern handelt, sondern um solche, die Ergebnis ihres Surfverhaltens sind.

Item	**Internet Privacy Concern** (Dinev & Hart 2006)
1	Ich bin darüber besorgt, dass Informationen, die ich im Internet zur Verfügung stelle (auch in Form meines Nutzerverhaltens), missbraucht werden.
2	Ich bin darüber besorgt, dass eine Person private Informationen von mir im Internet finden könnte.
3	Ich bin besorgt darüber, Informationen über mich herauszugeben (bzw. mein Nutzerverhalten untersuchen zu lassen), weil ich nicht weiß, was andere damit machen.
4	Ich bin besorgt, Informationen über mich bereitzustellen, weil sie in einer Art verwendet werden könnten, die ich nicht dafür vorgesehen habe.

Tabelle 12: Items zur Messung des Konstrukts Internet-Besorgnis

4.2.6 Privatsphäre-Besorgnis auf einer Webseite

Auch die Skala für Privatsphäre-Besorgnis auf einer Webseite geht ursprünglich auf die Skala von *Smith et al.* (1996) zurück und ist von *Salisbury et al.* (2001) und *Pavlou et al.* (2007, S. 135) im Laufe der Jahre modifiziert worden. *Li* (2014, S. 40) stellte in Anlehnung an diese Modelle eine Itembatterie zusammen, die auch Grundlage für die vorliegende Untersuchung sein sollte. Die sechs verwendeten Items beschreiben verschiedene Dimensionen der Webseiten-Besorgnis (Sammlung und Missbrauch von Informationen, Schutz der Privatsphäre und Eingriff von Dritten).

Item	**Website Privacy Concern** (Li, 2014)
1	Ich bin darüber besorgt, dass der E-Mail-Anbieter „Mymail" zu viele Informationen über mich sammelt.
2	Es stört mich, dass der E-Mail-Anbieter „Mymail" zu viele Informationen über mich haben könnte.
3	Ich bin über meine Privatsphäre besorgt, wenn ich mich in diesem E-Mail-Portal bewege.
4	Ich habe Zweifel daran, dass meine Privatsphäre in diesem E-Mail-Portal geschützt wird.
5	Meine persönlichen Daten könnten von diesem E-Mail-Portal missbraucht werden.
6	Beim Benutzen des E-Mail-Portals könnten meine persönlichen Daten von unbekannten Parteien zugegriffen werden.

Tabelle 13: Items zur Messung des Konstrukts Webseiten-Besorgnis

4.2.7 Einstellung gegenüber Anzeige

Die Einstellung zur Retargeting-Anzeige wurde durch eine von *Cho et al.* (2001, S. 45 ff.) entwickelte globale Skala erfasst. Die Autoren beziehen sich in ihrer Arbeit auf die allgemeine Einstellung gegenüber Banner-Werbung. *Cho et al.'s* (2001, S. 45 ff.) Einstellungsmessung enthält kognitive und affektive Aspekte. So umschreibt „Ich mag die Werbeanzeige" eher einen affektiven Aspekt und „Die Werbeanzeige ist nützlich" einen kognitiven Gesichtspunkt. Die Skala umfasst originär sechs Items, die jedoch aufgrund inhaltlicher Überschneidungen teilweise eliminiert wurden. So enthalten beispielsweise die Aussagen „die Werbeanzeige ist nützlich" und „die Werbeanzeige ist wichtig" die gleiche kognitive Facette und können aus forschungsökonomischen Gründen auf ein Item reduziert werden.[15] Das originäre *Cronbach*'s Alpha weist einen Wert von 0,87 auf und bezeugt damit eine zufriedenstellende Reliabilität.

Item	**Einstellung gegenüber der Anzeige** (Cho et al., 2001)
1	Ich mag diese Werbeanzeige.
2	Die Werbeanzeige ist nützlich.
3	Die Werbeanzeige ist gut.

Tabelle 14: Items zur Messung des Konstrukts Einstellung ggü. der Anzeige

[15] Eine vollständige Übersicht von Cho et al.'s Items befindet sich im Anhang.

4.2.8 Klickabsicht

Das nächste zu operationalisierende Konstrukt der vorliegenden Studie betrifft die Klickabsicht eines Internetnutzers bezüglich der Retargeting-Anzeige. In der Literatur nutzten bisher noch wenige Studien dieses Konstrukt (Calder et al., 2009, S. 328; Gauzente, 2010, S. 459). Häufiger wird in Online-Umgebungen bei der Untersuchung von Werbeanzeigen das Konstrukt Kaufabsicht gemessen (MacKenzie et al., 1986, S. 13 f.). Da jedoch das vorrangige Ziel eines Online-Shops bei Schaltung einer Retargeting-Anzeige ist, seine Nutzer zum Shop zurückzuleiten und die Kaufabsicht erst im zweiten Schritt von Interesse ist, interessiert hier vornehmlich die Klickabsicht.

Im Rahmen von gängigen Methoden der Online-Marketing-Praxis, lässt sich der Erfolg einer Anzeige mit der Erfassung von Click-Through-Raten (CTR)[16] spezifizieren. Da jedoch eine solche Messung mit den vorliegenden Mitteln dieser Befragung nicht möglich ist, beschränkt sich die Untersuchung auf eine 1-Item-Skala von *Gauzente* (2010, S. 459) zur Messung der Klickabsicht. Im Rahmen der Studie muss allerdings differenziert werden, inwiefern die Intention vorliegt, eine spezifische in der Anzeige dargestellte Marke anzuklicken. Aus diesem Grund enthält die letztlich verwendete Skala zwei Items.

Item	**Klickabsicht:** (Gauzente, 2010)
	Wie ist die Chance, dass Sie auf einer der in der Werbeanzeige dargestellten Produkte klicken würden?
1	Marke 1
2	Marke 2

Tabelle 15: Items zur Messung des Konstrukts Klickabsicht

4.2.9 Privatsphäre-Gruppen

Die Unterscheidung von Segmenten, die sich im Hinblick auf den Schutz ihrer Privatsphäre unterscheiden, stützt sich auf die Arbeit von *Westin* (1990). Um die Wertigkeit von Privatsphäre für jedes Individuum bestimmen zu können, wählt er eine Reihe von Aussagen, denen Probanden entweder zustimmen oder widersprechen sollen. Seine Segmentierung der

[16] CTR erfassen die tatsächlich getätigten Klicks auf Anzeigen (Richardson, 2007, S. 521).

US-Bevölkerung aus dem Jahre 2003 stützt sich auf die folgenden drei Aussagen (Harris, 2003; Kumaraguru & Cranor, 2005, S. 15):

- Konsumenten haben jegliche Kontrolle darüber verloren, wie persönliche Informationen von Firmen gesammelt oder genutzt werden.
- Die meisten Firmen gehen mit persönlichen Informationen, die sie über ihre Konsumenten gesammelt haben in einer ungeeigneten und vertrauensunwürdigen Art um.
- Existierende Gesetze und Regulierungen bilden einen vernünftigen Rahmen um die Privatsphäre der Konsumenten zu gewährleisten.

Jensen et al. (2005, S. 211) wählen für die Segmentierung von Privatsphäre-Gruppen eine abweichende Herangehensweise. Die Autoren entscheiden sich aus einer zwölf-Item-Skala zur Messung der Einstellung und Besorgnis gegenüber Privatsphäre letztlich für fünf Items zur Segmentierung der nach *Westin* vorgeschlagenen Privatsphäre-Gruppen. Dies ermöglicht ihnen eine robustere Konstruktmessung (Jensen et al. 2005, S. 206). In dieser Arbeit wurden lediglich vier der ursprünglichen zwölf Items verwendet, da diese am ehesten die Wichtigkeit von Privatsphäre für eine Person wiedergeben. Auch werden nicht genau die fünf Items bevorzugt, die *Jensen et al.* für ihre Differenzierung wählen, da z.T. inhaltliche Überschneidungen mit zuvor gemessenen Konstrukten der Internet-Besorgnis und Webseiten-Besorgnis entstanden wären.

Der Fokus wurde dabei auf die Bedeutung von Datenschutzrichtlinien gelegt. Dies geht aus der Überlegung hervor, dass besonders vorsichtige Menschen große Bemühungen unternehmen, um ihre Privatsphäre zu schützen und sich entsprechendes Fachwissen zum Schutz dieser anzueignen (Milne & Culnan, 2004, S. 24; Turow, 2003, [online]).

Item	**Privatsphäre-Gruppen** (Jensen et al., 2005)
1	Ich lese mir gerne die Datenschutzrichtlinien auf einer Webseite durch, wenn ich diese das erste Mal besuche.
2	Datenschutzrichtlinien geben genau wieder, was Unternehmen tun.
3	Datenschutzrichtlinien sind einfach zu finden.
4	Es ist wichtig für mich, wie die Datenschutzrichtlinien einer Webseite aussehen.

Tabelle 16: Items zur Messung der Privatsphäre-Gruppen

Zusätzlich wurde die Kongruenz von Marke und Proband durch die Skala von *Vasquez et al.* (2002, S. 35) erfasst. Ursprünglich untersuchen *Vasquez et al.* den Nutzenwert einer Marke und im Speziellen die persönliche Identifikation mit dieser. Eine Erfassung des Nutzenwerts erfolgt zweidimensional (funktional, symbolisch). Während die von *Vasquez et al.* (2002, S. 32) angesprochene funktionale Dimension eher externe Bedürfnisse einer Person anspricht (Garantie, Leistung), spiegelt der symbolische Wert der Marke eher psychologische Aspekte (Selbstdarstellung) wider. Die funktionale und symbolische Dimension einer Marke von *Vasquez et al.* unterscheiden sich deutlich von den von *Hieronismus* identifizierten Markenpersönlichkeitsebenen (funktional, emotional). Funktionale Markenpersönlichkeiten sprechen das Sicherheits- und Vertrauensbedürfnis einer Person an (psychologisch) (Hieronismus, 2003, S. 205), der funktionale Nutzenwert einer Marke dagegen geht eher auf Äußerlichkeiten wie die Leistungsfähigkeit oder Haltbarkeit einer Marke ein (Vasquez et al., 2002, S. 32 f.). Für die Prüfung einer übereinstimmenden Konsumenten- und Markenpersönlichkeit, die aus inneren Motiven entsteht, eignet sich die symbolische Ebene des Nutzenwertes einer Marke am ehesten. Eine Betrachtung der funktionalen Dimensionsebene ist für dieses Untersuchungsmodell daher nicht vorgesehen. Für die Verwendung der Skala spricht, dass *Vasquez et al.* (2002, S. 33) bei ihrer Befragung ebenfalls Sportmarken wählten. Die Aussagen „dies ist eine Marke, die ich besonders mag und attraktiv finde“ und „die Marke passt zu meinem Lifestyle“ soll für das Untersuchungsmodell die persönliche Identifikation und Kongruenz mit der Marke Adidas bzw. Nike aufzeigen.

Nicht zuletzt wird auch das Produkt-Involvement gemessen, um sicherzustellen, dass sich die Probanden überhaupt von der untersuchten Produktkategorie Sportschuhe angesprochen fühlen (Cho, 2001). Dafür nehmen die Probanden zu fünf Aussagen wie beispielsweise “Ich bin im Allgemeinen an Sportschuhen interessiert”, “Sportschuhe sind relevant in meinem Leben” oder “Sportschuhe sind wichtig für mich” Stellung.

4.3 Ergebnisse der empirischen Studie

4.3.1 Verfahren der Datenauswertung

Bei der Betrachtung von Abhängigkeiten zwischen latenten Größen lassen sich exogene und endogene Messmodelle unterscheiden (Backhaus et al., 2013, S. 72). Das exogene Messmodell, welches sich aus allen unabhängigen Größen eines Kausalmodells zusammensetzt, erfasst in der vorliegenden Arbeit die Variablen Markenloyalität, Markenähnlichkeit und Risiko der Nutzung des E-Mail-Portals. Im endogenen Messmodell, das alle abhängigen Größen berücksichtigt, sind die Variablen Interesse an Anzeige, Privatsphäre-Besorgnis im Internet, Privatsphäre-Besorgnis gegenüber dem E-Mail-Portal und Einstellung gegenüber der Anzeige sowie Klickabsicht zusammengefasst. Ziel dieser Untersuchung ist es letztlich, die Güte des Messmodells sowie des Strukturmodells zu überprüfen, um zu einer Aussage hinsichtlich Beibehaltung oder Ablehnung des Hypothesensystems zu gelangen. Zur Überprüfung der Modellzusammenhänge wird das Partial Least Squares (PLS)-Verfahren und die Software SmartPLS angewendet. Gründe für die Verwendung von PLS sind die geringen Anforderungen an die Daten und die niedrige Mindeststichprobengröße (Chin, 1998, S. 333; Bliemel et al. 2005, S. 11).

Die Güteprüfung teilt sich in die Analyse des Mess- und des Strukturmodells auf (Huber et al., 2005a, S. 26). Um die Ergebnisse der Datenauswertung besser interpretieren zu können, wird zusätzlich eine deskriptive Untersuchung der Daten herangezogen (Nieschlag et. al., 1994, S. 766 f.). Für die Analyse des Messmodells muss zunächst festgestellt werden, welches Messmodell reflektiv oder formativ operationalisiert wird. Ein reflektives Messmodell basiert auf der Annahme, dass die zugeordneten, direkt beobachtbaren Indikatoren von der latenten Variablen kausal beeinflusst werden. Latente Variablen werden dabei als Ursprung von Veränderungen der Indikatorausprägung interpretiert (Bollen, 1989, S. 182). Die Indikatoren sind damit ein Spiegelbild der latenten Variablen. Dies betrifft in dieser Untersuchung sieben der acht Modellkonstrukte. Im Gegensatz dazu wird bei einem formativen Messmodell von einer umgekehrten Wirkbeziehung zwischen direkt beobachtbaren Indikatoren und latenten Variablen ausgegangen. Somit bestimmen die Indikatoren das Konstrukt (Bagozzi, 1994, S. 332).

4.3.2 Überprüfung der reflektiven Messmodelle

Zur Bewertung der statistischen Signifikanz der Ergebnisse hilft die Bootstrapping-Methode, ein Verfahren bei dem aus allen Daten mehrere zufällige Teilstichprobe gezogen wird (Reimer, 2007, S. 297 ff.). Diese Prozedur wird so oft wiederholt bis von jedem Koeffizienten so viele Berechnungen vorliegen, dass Mittelwert und Standardfehler berechnet werden können (Hesterberg et al., 2003, S. 7 ff.). Die Anzahl der gezogenen Resampling-Datensätze beträgt im vorliegenden Fall 500.

Zur Überprüfung der Güte des Messmodells sind bei der reflektiven Operationalisierung verschiedene Kriterien ausschlaggebend. Dazu gehören die Indikator-, die Konstrukt-, Konvergenz-, Faktorreliabilität, die Diskriminanz- und die Vorhersagevalidität (Huber et al., 2005, S. 26 ff.). Bei formativen Messmodellen sind die Gütekriterien weniger vielzählig:

	Reflektiv	**Formativ**
Gewichte	Irrelevant	(keine Vorgabe)
Ladung	> 0,8	Irrelevant
t-Wert	Einseitig > 1,66	Zweiseitig > 1,98
Multikollinearität	(n. möglich)	VIF < 10
Vorhersagevalidität	Stone-Geissers Q^2 (Kommunalität) >0	(n. möglich)
Konvergenz		
DEV	> 0,6	(n. möglich)
Konstruktreliablität	> 0,7	(n. möglich)
Diskriminanz	Fornell-Larcker-Kriterium	Konstrukt-Korrelationen (< 0,9)

Tabelle 17: Prüfkriterien für PLS-Modelle[17]

Die reflektiven Messmodelle sollen bei der Indikatorladung ein Mindestniveau von 0,7, idealerweise 0,8 erfüllen, da sonst nicht davon ausgegangen werden kann, dass mehr als die Hälfte der Varianz eines Indikators durch die latente Variable bestimmt wird (Huber et al., 2005a, S. 31).[18] Der Mindestwert sagt damit aus, dass der erklärte Varianzanteil größer sein soll als der nicht erklärte (Kraft et al., 2005, S. 73). Eine Nichterfüllung des geforderten Mindestniveaus führt zur Eliminierung dieses Indikators. Dies ist im untersuchten Messmodell nicht der Fall, da alle Ladungen auf dem 5%-Niveau signifikant sind und den geforderten Wert von 1,66 übersteigen (Huber et al., 2005a, S. 31). Der Faktor Risiko bei Nutzung des E-Mail-Portals ist durch vier sich gegenseitig ersetzende Items sowie drei inhaltlich ergänzende operationalisiert worden. Hier liegt die Überlegung nahe, die Indikatoren 1-4 zu einem Mittelwert zusammenzufassen und mit den übrigen drei Indikatoren 5, 6 und 7 einer formativen Messung zu unter-

17 In Anlehnung an Huber et al. (2004).

18 Bei dem in der Literatur noch häufig angegebenen Schwellenwert von 0,4 (z.B. Krafft et al., 2005, S. 73 ff.) müssen bei gleichzeitiger Einhaltung des kritischen Wertes der im Folgenden noch zu klärenden DEV einige Indikatoren u.U. eine deutlich höhere Ladung als 0,7 aufweisen (Hildebrandt & Temme, 2006, S. 625).

ziehen. Da aber die Ladungen durchweg signifikant sind und einen Wert von größer als 0,8 aufweisen, ist von diesem Vorgehen abgesehen worden. Lediglich der Faktor Markenähnlichkeit wird damit nicht reflektiv operationalisiert.

Bei der Berücksichtigung sämtlicher Items, ist vor einer Eliminierung einzelner Indikatoren die Konvergenzvalidität, welche die durchschnittlich erfasste Varianz (AVE) beschreibt, nicht für alle Variablen erfüllt. Der AVE soll idealerweise einen Wert von 0,8 überschreiten, der geforderte Mindestwert liegt bei 0,7. Der erste Indikator des Faktors Risiko bei Nutzung des E-Mail-Portals muss aufgrund eines AVE-Wertes von 0,7738 eliminiert werden. Nach der Entfernung des Indikators weisen alle Items des Konstruktes akzeptable Werte auf. Beim Faktor Klickabsicht liegt der AVE Wert unter 0,8. Da aber beide Indikatorladungen groß sind, wird dieses Resultat als akzeptabel angesehen. Auch die Faktorreliabilität, die beschreibt, wie gut sich ein Konstrukt zur Erklärung seiner Indikatoren eignet, ist für alle Konstrukte erfüllt, denn sie erreichen vollständig den Mindestwert von 0,7.

Zur Erfüllung der Diskriminanzvalidität muss das Fornell-Larcker Kriterium eingehalten werden. Für das Fornell-Larcker Kriterium ist es nötig, dass der AVE Wert eines reflektiven Konstruktes größer ist als jede quadrierte Korrelation der betreffenden Variablen mit einem anderen latenten Konstrukt. Im vorliegenden Untersuchungsmodell beträgt die höchste Konstruktkorellation 0,7352 und ist damit quadriert ($0{,}7352^2=0{,}5405$) kleiner als die zuvor geprüfte Minimalanforderung des AVE von 0,7.

Ein ergänzendes Kriterium für die Prüfung der Diskriminanzvalidität ist die Betrachtung der Korrelationen zwischen den manifesten Variablen mit anderen im Modell enthaltenen latenten Variablen (Chin, 1998, S. 321). Dabei sollte ein Indikator jeweils die stärkste Beziehung zu dem ihm zugeordneten Konstrukt aufweisen (Huber et al., 2007, S. 37). Die höchste Kreuzladung ergibt sich mit dem Wert von 0,7095 für das erste Item des Konstruktes Klickabsicht auf das Konstrukt Einstellung gegenüber Anzeige. Die Kreuzladung fällt jedoch im Vergleich niedriger aus, als die Ladung des Indikators auf das zugehörige Konstrukt Klickabsicht in Höhe von 0,8974.

Konstrukt	Indikator	Ladung	t-Wert	Ergebnis
reflektiv				
Markenloyalität	Ich denke von mir, dass ich ein loyaler Kunde dieser der Marke Nike bzw. Adidas bin.	0,899	48,527	☑
	Ich bleibe lieber bei der Marke Nike bzw. Adidas als etwas auszuprobieren, bei dem ich mir nicht sicher bin.	0,878	33,406	☑
	Ich wechsle die Marke Nike bzw. Adidas nur sehr ungern.	0,916	45,711	☑
formativ				
Markenähnlichkeit	Passen Nike/Adidas und Marke 2 zusammen? Passen Nike/Adidas und Marke 3 zusammen? Mittelwert aus Indikator 1 + 2	0,921	6,498	Formativ
	Sind Nike/Adidas und Marke 2 komplementär? Sind Nike/Adidas und Marke 3 komplementär? Mittelwert aus Indikator 3 + 4	0,845	5,79	Formativ
	Sind Nike/Adidas und Marke 2 gleichartig?	0,737	4,952	☒
	Sind Nike/Adidas und Marke 3 gleichartig?	0,491	2,747	☒
reflektiv				
Risiko der Nutzung des E-Mail-Portals	Dieses E-Mail-Portal zu nutzen, empfinde ich nicht als risikoreich.	0,83	23,731	☒
	Dieses E-Mail-Portal zu nutzen, kann keine schlechten Folgen haben.	0,844	28,804	☑
	Dieses E-Mail-Portal zu nutzen, hat keine ungewissen Folgen.	0,876	38,578	☑
	Dieses E-Mail-Portal zu nutzen, besorgt mich nicht.	0,89	45,007	☑
	Das E-Mail-Portal ist gut.	0,884	44,393	☑
	Das E-Mail-Portal ist glaubwürdig.	0,902	53,225	☑
	Das E-Mail-Portal ist vertrauenswürdig.	0,927	81,398	☑
reflektiv				
Interesse an Anzeige	Ich habe der Anzeige hohe Aufmerksamkeit geschenkt.	0,953	102,124	☑
	Ich habe mich stark auf die Anzeige konzentriert.	0,975	191,505	☑
	Ich habe mich vollkommen auf die Anzeige eingelassen.	0,947	115,764	☑
reflektiv				
Privatsphäre-Besorgnis im Internet	Ich bin darüber besorgt, dass Informationen, die ich im Internet zur Verfügung stelle (auch in Form meines Nutzerverhaltens), missbraucht werden.	0,917	79,053	☑
	Ich bin darüber besorgt, dass eine Person private Informationen von mir im Internet finden könnte.	0,882	33,102	☑
	Ich bin besorgt darüber, Informationen (mein Nutzerverhalten untersuchen zu lassen) über mich herauszugeben, weil ich nicht weiß, was andere damit machen.	0,928	56,5	☑
	Ich bin besorgt, Informationen über mich bereitzustellen, weil sie in einer Art verwendet werden könnten, die ich nicht dafür vorgesehen habe.	0,936	85,128	☑

Konstrukt	Indikator	Ladung	t-Wert	Ergebnis
reflektiv				
Privatsphäre-Besorgnis ggü. E-Mail-Portal	Ich bin darüber besorgt, dass der E-Mail-Anbieter „Mymail" zu viele Informationen über mich sammelt.	0,948	110,1	☑
	Es stört mich, dass der E-Mail-Anbieter „Mymail" zu viele Informationen über mich haben könnte.	0,906	49,027	☑
	Ich bin über meine Privatsphäre besorgt, wenn ich mich in diesem E-Mail-Portal bewege.	0,941	76,223	☑
	Ich habe Zweifel daran, dass meine Privatsphäre in diesem E-Mail-Portal geschützt wird.	0,944	122,304	☑
	Meine persönlichen Daten könnten von diesem E-Mail-Portal missbraucht werden.	0,912	52,442	☑
	Beim Benutzen des E-Mail-Portals könnten meine persönlichen Daten von unbekannten Parteien zugegriffen werden.	0,888	34,32	☑
reflektiv				
Einstellung ggü. Anzeige	Ich mag die Werbeanzeige.	0,942	103,237	☑
	Die Werbeanzeige ist nützlich.	0,934	87,766	☑
	Die Werbeanzeige ist gut.	0,938	76,837	☑
reflektiv				
Klickabsicht	Wie ist die Chance, dass Sie auf einer der in der Werbeanzeige dargestellten Produkte klicken würden? Für Marke 1.	0,897	47,104	☑
	Für Marke 2.	0,817	13,929	☑

Tabelle 18: Ladungen und t-Werte der Indikatoren

Als weiteres Gütekriterium wird für reflektiv operationalisierte Konstrukte das Stone-Geisser Q^2 zur Bestimmung der Vorhersagevalidität geprüft. Mit diesem Maß kann festgestellt werden, ob sich die einem Konstrukt zugewiesenen Items jeweils gut aus den übrigen, demselben Konstrukt zugeordneten Items rekonstruieren lassen. Ermitteln lässt sich das Q^2 durch ein Blindfolding-Verfahren,[19] über das Teile der empirisch erhobenen Daten für einen bestimmten Block mainfester Variablen ausgelassen und dann auf Basis der geschätzten Werte erneut ermittelt werden. Diese Prozedur wird solange wiederholt bis eine Auslassung und Schätzung aller Fälle vorliegt. „As a result of this procedure, a generalized cross-validation measure and jackknife standard deviations of parameter estimates can be obtained" (Chin, 1998, S. 317). Das Maß für die Schätzrelevanz eines manifesten Variablenblocks Q^2 muss größer als Null sein. Für das betrachtete Model ist diese Annahme gegeben und es kann daher von eine geeigneten Vorhersagevalidität ausgegangen werden.

[19] Eine ausführliche Beschreibung der einzelnen Schritte des Blindfolding-Verfahrens (Chin, 1998, S. 317).

Konstrukt	AVE (>0,7)	Faktor-reliabilität (>0,9)	Diskriminanz-validität AVE>COR²	Vorhersage-validität Q²>0
Markenloyalität	0,806	0,9257	☑	0,7705
Risiko ggü. E-Mail-Portal	0,7949	0,9587	☑	0,7705
Interesse an Anzeige	0,9188	0,9714	☑	0,8729
Internet-Besorgnis	0,8391	0,9542	☑	0,8253
Webseite-Besorgnis	0,8526	0,972	☑	0,8402
Einstellung zur Anzeige	0,8792	0,9562	☑	0,852
Klickabsicht	0,7366	0,8481	☑	0,7392

Tabelle 19: Werte der Gütekriterien der reflektiven Messmodelle

4.3.3 Überprüfung des formativen Messmodells

Das einzige formative Messmodell betrifft den Faktor Markenähnlichkeit. Dieser muss im Vergleich zu den reflektiven Messmodellen nicht anhand seiner Ladung auf seine Güte getestet werden, sondern anhand der Signifikanz seiner Gewichte. Die Höhe der Gewichte gibt dabei an, wie stark das formative Konstrukt durch den Inhalt des Indikators geprägt wird. Inhaltlich ist die Höhe der Gewichte vordergründig aber nicht von Bedeutung. Die formativen Indikatoren 2, 4, 5 und 6 des Konstrukts Markenähnlichkeit sind im vorliegenden Messmodell nicht signifikant, da der kritische t-Wert von 1,66 nicht überschritten wird. Vergleicht man die Indikatoren 1 und 5 sowie 2 und 6 miteinander, so geben diese inhaltlich ähnliche Sachverhalte wieder. Auch korrelieren die Items 1 und 5 mit 0,710 und Items 2 und 6 mit 0,742 sehr stark. Daher ist es sinnvoll, einen der sich inhaltlich deckenden Indikatoren zu eliminieren. Dies wird für die Items 5 und 6 vorgenommen. Auch die Items 2 und 4 sind nicht signifikant. Hierbei handelt sich um die wahrgenommene Ähnlichkeit zwischen Nike bzw. Adidas und Marke 1 (Item 1, 3) und 2 (Item 2, 4): ähnlich oder unähnlich. Da für die Untersuchung nicht interessant ist, welche Marke den nun bewertet wurde, sondern der entstehende Effekt im Vordergrund steht, kann hier von einer Einzelbetrachtung der ähnlichen bzw. unähnlichen Marken abgesehen werden. Die Items 1 und 2 sowie die Items 3 und 4 wurden folglich zu Mittelwerten zusammengefasst. Für formative Messmodelle muss zusätzlich noch die Multikollinearität überprüft werden (Huber et al., 2007, S. 39). Diese lässt sich mit Hilfe des VIF (Varianzinflationsfaktor) ermitteln. Mit zunehmender Multikollinearität werden die Schätzungen unzuverlässiger. Ein Wert größer als 5 deutet aus einer konservativen Perspektive auf eine problematische Multikollinearität hin. Im Rahmen dieser Untersuchung wird dieser Wert allerdings nicht überschritten, so dass eine Multikollinearität ausgeschlossen werden kann. Der nachfolgenden *Tabelle 20* ist zu entnehmen, dass beide Mittelwerte signifikant sind.

Indikator	Gewichte	t-Werte	VIF
Passen Nike/Adidas und Marke 2 zusammen?	0.4989	1.8665	-
Passen Nike/Adidas und Marke 3 zusammen?	0.1692	0.7799	-
Sind Nike/Adidas und Marke 2 komplementär?	0.4993	2.2271	-
Sind Nike/Adidas und Marke 3 komplementär?	0.0077	0.0519	-
Sind Nike/Adidas und Marke 2 gleichartig?	0.0032	0.0155	-
Sind Nike/Adidas und Marke 3 gleichartig?	0,123	0,6123	-
Mittelwert_12 → Markenähnlichkeit	0,6507	2,5708	1,477104874
Mittelwert_34 → Markenähnlichkeit	0,4738	1,765	1,477104874

Tabelle 20: Gewichte, t-Werte und Varianzinflationsfaktoren der formativen Indikatoren

4.3.4 Deskriptive Auswertung

Bevor nun die Ergebnisse des Strukturmodells vorgestellt werden, soll zunächst ein Blick auf die deskriptiven Ergebnisse der Studie folgen. Insgesamt ist der Online-Fragebogen von 238 Probanden vollständig bearbeitet worden. Die bereinigte Grundgesamtheit summiert sich auf 225 Teilnehmer. Es haben 127 Frauen und 98 Männer den Fragebogen beendet. Das Durchschnittsalter der Probanden beträgt 27 Jahre. Es handelt sich bei der Mehrheit (66%) der Probanden um Akademiker, zusätzliche 29% (66 Personen) geben an die allgemeine Hochschulreife zu besitzen, der Rest hat die mittlere Reife.

Merkmal	Ausprägung	Häufigkeit
Geschlecht	▪ Weiblich ▪ Männlich	127 (56%) 98 (44%)
Identifikation mit Nike/ Adidas	▪ Nike ▪ Adidas	138 (61%) 87 (39%)
Kongruenz Marke und Proband	▪ Niedrig (1-2)* ▪ Mittel (3-5)* ▪ Hoch (6-7)*	19 (8%) 136 (60%) 70 (31%)
Alter	▪ unter 20 Jahre ▪ 21 bis 25 Jahre ▪ 26 bis 30 Jahre ▪ 31 bis 40 Jahre ▪ über 40 Jahre	7 (3%) 116 (52%) 74 (33%) 19 (8%) 9 (4%)
Bildungsabschluss	▪ Kein Abschluss ▪ Haupt/(Volks)schulabschluss ▪ Mittlere Reife ▪ (Fach-)/Allgemeine Hochschulreife ▪ (Fach-)/Hochschulabschluss ▪ Promotion	0 (0%) 0 (0%) 7 (3%) 66 (29%) 150 (67%) 2 (1%)

Tabelle 21: Übersicht über die Demografie der Stichprobe

* Mittelwert der Bewertung der aller Aussagen auf einer Skala von 1 (stimme überhaupt nicht zu) bis 7 (stimme voll und ganz zu).

Die Mehrzahl der Probanden (61%) wählt bezüglich ihrer persönlichen Identifikation eher die Marke Nike als Adidas. Die Übereinstimmung zwischen Proband und den Marken Adidas bzw. Nike liegt bei 31% sehr hoch, 60% im mittleren Bereich und bei 8% niedrig. Befragt nach dem Involvement zu Sportschuhen, geben 56 Personen (25%) an, dass Sportschuhe sehr relevant in ihrem Leben sind, 144 Personen (64%) erklären eher einen mittelmäßigen Bezug zu Sportschuhen zu haben und die restlichen 25 Personen (12%) stehen Sportschuhen eher gleichgültig gegenüber. Bezogen auf die Erfahrung der Befragten mit dem Internet handelt es sich um eine sehr webaffine Stichprobe. 97% der Probanden (219 Personen) nutzen das Internet mindestens täglich. Der Online-Werbung stehen die meisten Teilnehmer eher kritisch gegenüber bzw. interessieren sich nicht für diese, da lediglich 32% (77 Probanden) Online-Werbeanzeigen anklicken. Eine genauere Betrachtung zeigt, dass dem Großteil der Befragten (144 Personen) Methoden wie das Einschalten des Add-Ons "Ad-Blocker-Plus" bekannt sind. Nur 36% (81 Personen) kennen das Add-On bisher nicht. Genutzt wird es jedoch nur von 42% aller Befragten (94 Personen).

Merkmal	Ausprägung	Häufigkeit
Involvement für Sportschuhe	▪ Niedrig (1-2)* ▪ Mittel (3-5)* ▪ Hoch (6-7)*	25 (12%) 144 (64%) 56 (25%)
Häufigkeit der Internet-Nutzung	▪ Selten bis nie ▪ Mehrmals im Monat ▪ Mehrmals pro Woche ▪ Täglich ▪ Mehrmals täglich	0 (0%) 0 (0%) 6 (3%) 28 (12%) 191 (85%)
Neigung auf Online-Werbeanzeigen zu klicken	▪ Ja ▪ Nein	72 (32%) 153 (68%)
Bekanntheit von „Ad-Blocker-Plus"	▪ Kennen Add-On ▪ Kennen Add-On nicht	144 (64%) 81 (36%)
Nutzung von "Ad-Blocker-Plus"	▪ Nutzen Add-On ▪ Nutzen Add-On nicht	94 (42%) 131(58%)
Häufigkeit des Löschens von Cookies	▪ Akzeptieren nie Cookies ▪ Selten (ca. alle 3 Monate) ▪ Regelmäßig (1x im Monat) ▪ Oft (1x pro Woche)	40 (18%) 115 (51%) 44 (20%) 26 (12%)
Häufigkeit des Löschen des Browserverlaufs	▪ Selten bis nie ▪ Alle 3 Monate ▪ 1x im Monat ▪ 1x pro Woche ▪ Wird sofort bei Schließen des Browsers gelöscht	90 (40%) 47 (21%) 35 (16%) 20 (9%) 33 (15%)

Tabelle 22: Übersicht über den Sport- und Internetbezug der Stichprobe

* Mittelwert der Bewertung der aller Aussagen auf einer Skala von 1 (stimme überhaupt nicht zu) bis 7 (stimme voll und ganz zu).

Gleiches gilt auch für das Löschverhalten von Cookies und dem Browserverlauf. 51% der Befragten (115 Personen) löschen ihre Cookies nur selten. Dagegen werden von lediglich 18% (40 Personen) Cookies nie akzeptiert. Der Rest gibt an einmal pro Woche (26 Personen) oder einmal im Monat (44 Personen) darauf zu achten, ihre Cookies zu entfernen. Auch der Browserverlauf wird nur von den Wenigsten kontrolliert. 40% löschen ihren Browserverlauf so gut wie nie, 21% kümmern sich alle drei Monate darum, 16 % einmal pro Monat, 9% einmal pro Woche und ein kleiner Kreis von 12% setzt die Möglichkeit bewusst ein, die Dokumentation des Browserverlauf gar nicht erst zuzulassen. Zur Verdeutlichung werden diese Fakten in folgender *Tabelle 22* in einer Übersicht zusammengefasst.

4.3.5 Überprüfung des Strukturmodells und der Hypothesen

Nachdem die Gütekriterien auf Messmodellebene geprüft und die deskriptive Auswertung vorgestellt worden ist, gilt es nun ein besonderes Augenmerk auf die durch PLS ermittelten Pfadkoeffizienten zur Überprüfung des Strukturmodells zu legen. Wie im Fall der reflektiven und formativen Messmodelle kann mit aus dem Bootstrapping-Verfahren stammenden t-Werten die Signifikanz der Koeffizienten geprüft werden. Auch die Höhe der Pfadkoeffizienten gibt Aufschluss darüber, ob eine Hypothese zutrifft oder zu verwerfen ist.[20]

Auf dieser Grundlage wurden die Zusammenhänge innerhalb des Strukturmodells geschätzt. Dabei wurden die Schätzungen für das Szenario mit ähnlichen und unähnlichen Marken bei den Hypothesen 2 und 3 separiert, da hier gegenläufige Effekte zu erwarten sind, die sich im Netto gegenseitig aufheben könnten. Folglich können die in den Hypothesen 2 und 3 postulierten Effekte für die ähnlichen Marken (H2a und H3a) und für die unähnlichen Marken (H2b und H3b) differenziert betrachtet werden. Insgesamt haben 123 Probanden ähnliche Marken gesehen und 102 Probanden unähnliche Marken gesehen. Bei ähnlichen Marken muss *Hypothese 3a* abgelehnt werden. Demnach ist der Einfluss der wahrgenommen Markenähnlichkeit auf die Internet-Besorgnis nicht signifikant. Die Hypothesenüberprüfung für unähnliche Marken wird für beide Zusammenhänge auf einem Signifikanzniveau von 1% angenommen. Hier wird *Hypothese 2b* abgelehnt, da die Wirkungsrichtung positiv ist, jedoch ein negativer Effekt zuvor unterstellt wurde.

[20] Ein Richtwert für ein signifikanten Pfadkoeffizient ist +/- 0,2 (Chin, 1998, S. 324 ff.), aber auch +/- 0,1 wird als signifikant anerkannt (Lohmöller, 1989, S. 60 ff).

Hypothesenüberprüfung					
			Koeffizienten	t-Werte	Ergebnis
H1:	Markenloyalität	→ Interesse Anzeige	0,3222	5,4384	☒, da falsches VZ
H2a:	Markenähnlichkeit	→ Interesse Anzeige	0,2638	4,1851	☑
H2b:	Markenunähnlichkeit	→ Interesse Anzeige	0,1233	2,4979	☒, da falsches VZ
H3a:	Markenähnlichkeit	→ Internet-Besorgnis	0,0738	1,3312	☒
H3b:	Markenunähnlichkeit	→ Internet-Besorgnis	-0,0709	2,2168	☑
H4:	RisikoWebseite*	→ Internet-Besorgnis	-0,4424	8,2589	☑
H5:	Interesse Anzeige	→ Webseite-Besorgnis	-0,1944	3,1705	☑
H6:	Internet-Besorgnis	→ Webseite-Besorgnis	0,5261	8,4637	☑
H7:	Webseite-Besorgnis	→ Einstellung Anzeige	-0,2215	3,1189	☑
H8:	Einstellung Anzeige	→ Klickabsicht	0,7352	20,1216	☑

Tabelle 23: Hypothesenüberprüfung anhand der t-Werte[21]

*Das Risiko der Nutzung einer Webseite wurde mit einer negativ-Skala untersucht und muss hier deshalb reversibel betrachtet werden

Nach Betrachtung der Zusammenhänge für ähnliche und unähnliche Marken gilt es nun, das gesamte Strukturmodell zu betrachten. Für *Hypothese 1* lässt sich feststellen, dass sie zwar signifikant ist, jedoch wird in *Kapitel 3* von einem negativen Zusammenhang ausgegangen. Daher kann die Hypothese nicht angenommen werden. Die Hypothesen H4, H5, H6, H7 und H8 haben sich jedoch mit einer Irrtumswahrscheinlichkeit von 1% und unter Berücksichtigung der postulierten Wirkungsrichtung bestätigt. Eine Übersicht der Hypothesenüberprüfung findet sich in der folgenden *Tabelle 23.* Das Zielkonstrukt Privatsphäre-Besorgnis im E-Mail-Portal wird am stärksten durch die Privatsphäre-Besorgnis im Internet beeinflusst. Der stärkste Effekt im gesamten Strukturmodell stellt die Einstellung gegenüber der Anzeige auf die Klickabsicht dar.

Ein wesentliches Kriterium zur Beurteilung eines Strukturmodells jenseits der Prüfung der Modellzusammenhänge stellt das Bestimmtheitsmaß R^2 dar (Chin & Newsted, 1999, S. 316). Es gibt den Anteil der erklärten Varianz im Verhältnis zur Gesamtvarianz eines Konstruktes an und ist insbesondere für die zentralen (Ziel-) Variablen relevant. Im PLS-Modell ist folglich der Varianzanteil einer endogenen Variablen gemeint, der über die ihr vorgelagerten Va-

[21] Grau beschriftete Hypothesen stehen für deren Ablehnung.

riablen erklärt wird. Niedrige R^2-Werte sind vor allem dort vorzufinden, wo eine Vielzahl von tatsächlichen Einflussvariablen nicht berücksichtigt worden sind. Die Erklärungskraft und damit die Güte des Modells sind damit unter Berücksichtigung der integrierten Variablen gering.

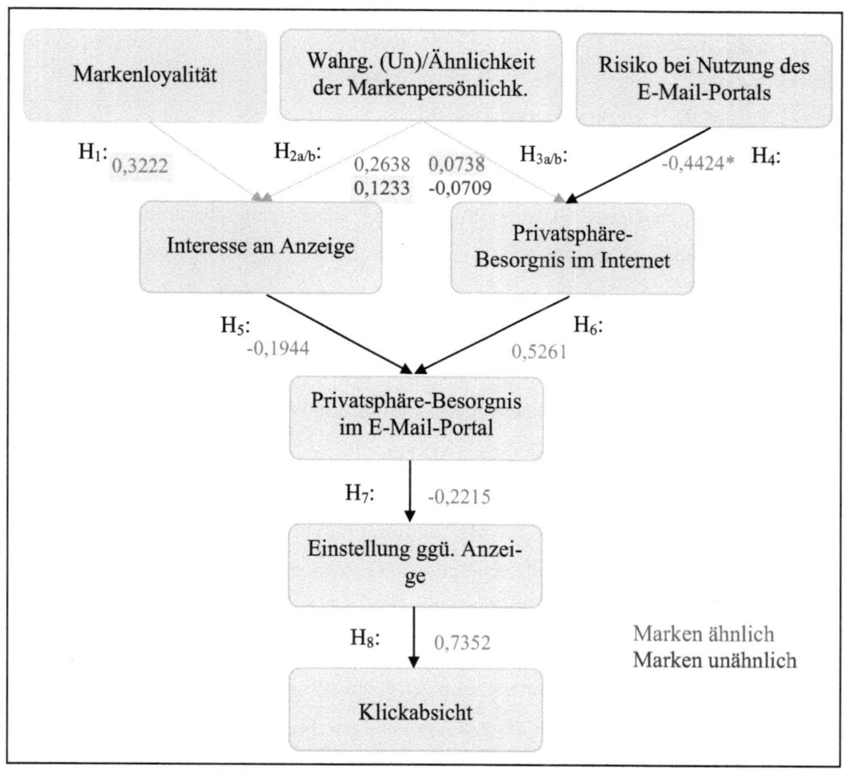

Abbildung 11: Pfadkoeffizienten des Modells für ähnliche und unähnliche Marken
*Risiko muss auch hier reversibel betrachtet werden

Als Mindestanforderung wird in der Literatur ein R^2 in der Höhe von 0,25 akzeptiert.[22] Dies ist - wie aus *Tabelle 23* ersichtlich - für die endogenen Konstrukte Interesse an der Anzeige, Internet-Besorgnis und Einstellung gegenüber der Anzeige nicht der Fall. Lediglich Webseiten-Besorgnis und Klickabsicht sind hinreichend erklärt. Das Konstrukt Klickabsicht liegt dabei über 50%.

[22] Chin z. B. bezeichnet in einer durchgeführten Studie Werte für das R^2 von 0,67, 0,33 und 0,19 als „substanziell", „mittelgut" und „schwach". (Chin, 1998, S. 323); *Bauer* (2002, S. 250 ff.) sieht aber auch schon ein R^2 von 0,17 als sehr gut an.

Endogene Konstrukte		
Konstrukt	**R^2**	**Q^2**
Interesse an Anzeige	**0,2217**	0,1808
Internet-Besorgnis	**0,2129**	0,1701
Webseite-Besorgnis	0,3188	0,2646
Einstellung ggü. Anzeige	**0,0491**	0,0416
Klickabsicht	0,5405	0,3902

Tabelle 24: R2- und Q2-Werte für das Strukturmodell

Neben dem Bestimmtheitsmaß R^2 eignet sich als weiteres Gütekriterium die Vorhersagevalidität, die mittels Stone-Geissers Q^2 geprüft wird. Das Stone-Geisser-Testkriterium gibt laut *Götz* und *Liehr-Gobbers* (2004, S. 731) wieder *„wie gut die empirisch erhobene Daten mit Hilfe des Modells und der PLS-Parameter rekonstruiert werden können“*. Bei einem Wert von $Q^2 > 0$ ist die Prognoserelevanz ausreichend, wohingegen $Q^2 < 0$ darauf hindeutet, dass das entsprechende Konstrukt durch die vorgelagerten Größen nicht gut vorhergesagt werden kann (Krafft et al., 2005, S. 85). Im vorliegenden Modell sind alle Werte positiv bis auf die Einstellung gegenüber der Anzeige bei unähnlichen Marken.

Letztes Gütemaß stellt die Prüfung der Multikollinearität auf Strukturebene dar, die analog zur Vorgehensweise auf Messmodellebene mittels Regressionsanalyse zu testen ist. Im vorliegenden Modell besitzen die Faktoren Interesse an Anzeige, Internet-Besorgnis und Webseiten-Besorgnis mehrere Einflussgrößen, so dass der Test auf Multikollinearität hier durchzuführen ist. Für die Durchführung der notwendigen Regressionsanalysen wurden zunächst die Indikatorausprägungen durchschnittlich gewichtet und anschließend zu einem Konstruktwert addiert. Mit den gewichteten Konstruktwerten wurde, wie auch schon auf Messmodellebene, jeder Konstruktwert einmal als abhängige Variable dargestellt und durch die anderen (unabhängigen und dem Konstrukt laut Hypothesen auch vorgelagerten) Konstruktwerte erklärt. Durch das korrigierte R^2 wird der VIF erneut berechnet. Auch auf Strukturmodellebene liegt keine Multikollinearität vor.

Konstrukt	**VIF**
Loyalität	0,998003992
Ähnlichkeit	0,996015936
Interesse an Anzeige	0,996015936

Tabelle 25: Überprüfung der Multikollinearität mit den VIF

4.3.6 Gruppenvergleiche

In diesem Abschnitt interessiert nun die Durchführung des Modellvergleichs nach *Chin*[23], welche den Einfluss moderierender Variablen auf das Modell klären soll. Bei einem solchen Modellvergleich werden die signifikanten Pfadkoeffizienten der zu untersuchenden Gruppen einem t-Test unterzogen (Huber et al., 2005a, S. 38). Dies geschieht zu dem Zweck, um signifikante Unterschiede zwischen den Gruppen aufzudecken, so wie in den *Hypothesen 9* und *10* postuliert. Hierzu wurde zunächst eine Trennung der Gesamtstichprobe in Teilgruppen vorgenommen. Für die Unterscheidung des ersten Moderators Datenschutzkampagne wurden die Daten jeweils für die Probanden, die eine Datenschutzkampagne gesehen haben, vs. für die Teilnehmer, die keine solche Kampagne gesehen haben, untersucht.

Die Aufteilung der drei Segmente in Bezug auf ihre Einstellung zur Privatsphäre sollte durch 4 Indikatoren ermittelt werden. Dazu musste zunächst überprüft werden, ob die Antworten der Probanden zu den berücksichtigten Indikatoren in dieselbe Richtung erfolgen. Zu diesem Zweck wurden die Korrelationen der vier Items untersucht. Die höchste Korrelation wiesen Indikator 1 und 4 mit 0,4478 auf, die somit nicht besonders hoch war. Da die Items 2 und 3 sehr schlecht mit allen anderen Items korrelierten, wurden diese für die weitere Untersuchung ausgeschlossen. Ferner wurden die Items 1 und 4 zu Mittelwerten zusammengefasst. Um eine mögliche Gleichverteilung der Gruppen zu erreichen, eignete sich der Mittelwert allerdings nicht, da der größte Teil der Probanden wenig Wert auf Datenschutz legt. Eine bessere Häufigkeitsverteilung konnte demnach erreicht werden, wenn ausschließlich Item 4 betrachtet wird. Dieses spiegelt auch am besten die Aussage des Konstruktes nach der Wichtigkeit von Datenschutz wieder. Nach Zuordnung der Probanden auf die unterschiedlichen Teilgruppen werden diese zunächst getrennt einer Modellschätzung unterzogen, um anschließend die Schätzer der verschiedenen Gruppen auf Unterschiede zu untersuchen. Ein signifikanter Unterschied auf dem 5%-Niveau liegt dann vor, wenn der errechnete t-Wert größer als 1,66 ist (Huber et al., 2005a, S. 31).

Zu Beginn wurde der moderierende Einfluss der Variable Datenschutzkampagne (H10) in einem Gruppenvergleich geprüft. Dabei teilten sich die Probanden in eine erste Gruppe von 107 Personen, die eine Datenschutzkampagne neben ihrem E-Mail-Postfach gesehen haben und eine zweite Gruppe von 118 Personen, die keine Datenschutzkampagne gesehen haben.

[23] Die Tabelle mit den Fällen zum Chin-Test ist im Anhang zu finden.

Für beide Gruppen wurden die Pfadkoeffizienten und Signifikanzen zu den Zusammenhängen ermittelt.

Gruppenvergleich Datenschutz							
	mit Datenschutz			**ohne Datenschutz**			
	Koeffizient	**SE**	**t-Wert**	**Koeffizient**	**SE**	**t-Wert**	**Ergebnis**
H3a	-0,0523	0,0633	0,8263	0,1749	0,0824	2,1237	Fall 2
H3b	-0,2568	0,1032	2,4893	-0,0472	0,054	0,8736	Fall 3
H5	-0,3542	0,0862	4,1066	0,0014	0,0433	0,0321	Fall 3
H6	0,3306	0,0978	3,3802	0,7461	0,0507	14,7276	Fall 1A
H7	-0,4376	0,0856	5,114	0,0438	0,063	0,6949	Fall 3

Tabelle 26: Werte des Gruppenvergleichs für den Faktor Datenschutzkampagne

Es ließen sich keine signifikanten Gruppenunterschiede für die Hypothesen H1, H2a/b, H4 und H8 nachweisen. Für *Hypothese 3a*, die postuliert, dass die wahrgenommene Markenähnlichkeit einen Einfluss auf die Internet-Besorgnis hat, lässt sich ein Gruppenunterschied erkennen. Dieser bringt zum Ausdruck, dass der Gruppeneffekt nur bei Personen, die keinen Datenschutzhinweis gesehen haben, existiert. Interessant ist dabei allerdings, dass für das gesamte Strukturmodell die Hypothese in *Kapitel 4.3.5* schon verworfen ist. Auch wenn der Effekt für die Stichprobe mit Datenschutzkampagne nicht signifikant ist, erscheint dennoch der negative Zusammenhang fraglich. Umgekehrt verhält es sich mit *Hypothese 3b*. Hier zeigt sich ein spiegelverkehrtes Bild für den Einfluss der wahrgenommen Unähnlichkeit der Marken auf die Internet-Besorgnis. Dieser Effekt ist nur signifikant, wenn ein Datenschutzhinweis gegeben wird. Ein signifikanter Gruppenunterschied kann auch für *Hypothese 5* festgestellt werden. Bei diesem ist davon auszugehen, dass der Einfluss der Variable Interesse an der Anzeige auf die Webseiten-Besorgnis somit nur bei hohen Ausprägungen des Moderators besteht. Dies tritt bei Personen auf, die die Datenschutzkampagne gesehen haben. Auch für *Hypothese 6* lässt sich ein Gruppenunterschied verzeichnen. Der Effekt von der Internet-Besorgnis auf die Webseiten-Besorgnis scheint hierbei bei Personen, die keine Datenschutzkampagne gesehen haben, stärker auszufallen als bei solchen, die einen Datenschutzhinweis erhalten haben. Für beide Gruppen ist der Effekt allerdings signifikant. Zuletzt weist *Hypothese 7* einen wichtigen Gruppenunterschied auf. Dieser besagt, dass der negative Effekt der Webseiten-Besorgnis auf die Einstellung gegenüber der Anzeige nur besteht, wenn ein Proband eine Datenschutzkampagne gesehen hat.

Abschließend wurden die endogenen Konstrukte auf ihre Güte untersucht. Das R^2 für Internet-Besorgnis, Webseiten-Besorgnis und Einstellung gegenüber der Anzeige bei Personen, die die Datenschutzkampagne gesehen haben, liegt unter 0,25 und hat somit keinen hinreichenden Erklärungsgehalt. Dies deutet darauf hin, dass weitere, nicht im Modell untersuchte Größen das Konstrukt beeinflussen. Alle anderen endogenen Konstrukte weisen Werte über 0,25 auf und haben somit hinreichenden Erklärungsgehalt. Für das zweite Gütekriterium der Vorhersagevalidität lässt sich feststellen, dass alle Konstrukte eine akzeptable Redundanz aufweisen.

Güteprüfung				
	Mit Datenschutz		**Ohne Datenschutz**	
Konstrukt	**R^2**	**Q^2**	**R^2**	**Q^2**
Interesse an Anzeige	0,3101	0,2617	**0,1983**	0,1359
Internet-Besorgnis	**0,164**	0,1193	0,2914	0,2275
Webseite-Besorgnis	**0,2401**	0,2052	0,5566	0,43
Einstellung ggü. Anzeige	**0,1915**	0,1689	**0,0019**	**-0,0039**
Klickabsicht	0,5785	0,4189	0,5014	0,3475

Tabelle 27: Güteprüfung beim moderierenden Effekt Datenschutzkampagne

Die Untersuchung der Güte des Modells für die Probanden, die keine Datenschutzkampagne gesehen haben, zeigt ein anderes Bild. Die Konstrukte Interesse an der Anzeige und Einstellung gegenüber der Anzeige weisen keine hinreichende Erklärungsgüte auf. Hier werden vor allem die Webseiten-Besorgnis und die Klickabsicht zu über 50% erklärt. Insbesondere der hohe Wert für Webseiten-Besorgnis sticht im Vergleich zu ersten Gruppe (mit Datenschutz) heraus. Für die Vorhersagevalidität (Stone-Geissers Q^2) kann für das Konstrukt Einstellung gegenüber der Anzeige bei Personen ohne Datenschutzhinweis keine Erfüllung bescheinigt werden. Dies unterscheidet sich zur ersten Teilgruppe, in der alle Konstrukte akzeptable Werte aufweisen.

Neben dem Hinweis auf Datenschutz wurde in *Kapitel 3* noch ein weiterer Moderator postuliert. Dieser ist nicht, wie der erste Moderator, situationsbezogen, sondern geht auf die manifestierte Kognition der Probanden ein, d.h. wie wichtig einer Person im allgemeinen Datenschutz ist. Wie eingangs bereits erläutert, wird die Wichtigkeit von Datenschutz für den Probanden nur über ein Item gemessen. Auf Grundlage dessen werden die Probanden in drei

Teilgruppen eingeteilt. Personen, denen Datenschutz nicht so wichtig ist, gehören der Gruppe „Privacy Unconcerned" an. Personen, die ein ausgewogenes Verhältnis zu Datenschutz haben, nennen sich „Privacy Pragmatists" und solche, die sehr viel Wert auf ihre Privatsphäre und die Sicherheit ihrer Daten legen, gehören zur dritten Teilgruppe, den „Privacy Fundamentalists". Insgesamt sind 79 Probanden als „Privacy Unconcerned" ermittelt worden. Das sind alle, die Item 4 auf der Likert-Skala entweder mit 1 oder 2 bewertet haben. 103 Probanden zählen zur Gruppe der „Privacy Pragmatists". Zu diesen werden diejenigen gezählt, die sich für Item 4 mit 3, 4 oder 5 entschieden haben. Ferner lassen sich 43 Probanden den „Privacy Fundamentalists" zuordnen, da sie sich entweder für die Ziffer 6 oder 7 auf der Likert-Skala entschieden haben.

Um einen Vergleich der drei Teilgruppen zu ermöglichen, muss jede Teilgruppe je einmal der anderen Teilgruppe gegenüber gestellt werden. Somit ergeben sich drei Gruppenvergleiche. Zunächst soll der Unterschied der Konstruktzusammenhänge zwischen „Privacy Unconcerned" und „Privacy Pragmatists" untersucht werden. Es zeigen sich lediglich zwei Gruppenunterschiede bei *Hypothese 2a/b*. Demnach lässt sich ein Effekt zwischen den Konstrukten Markenähnlichkeit und Interesse an Anzeige nur für die Gruppe „Privacy Pragmatists" erkennen. Werden die gesehenen Marken in der Anzeige als ähnlich gesehen, so scheint der Effekt auf das Interesse an der Anzeige positiv zu verlaufen. Bei unähnlicher Markenwahrnehmung ist er dagegen negativ. Dies betrifft allerdings nur „Privacy Pragmatists".

Privatsphäre Gruppenvergleich niedrig vs. mittel							
	Privacy Unconcerned			**Privacy Pragmatists**			
	Koeffi-zient	**SE**	**t-Wert**	**Koeffi-zient**	**SE**	**t-Wert**	**Ergebnis**
H2a	-0,0692	0,0963	0,7193	0,3136	0,0955	3,2829	Fall 2
H2b	0,066	0,0837	0,7892	-0,1785	0,0823	2,1676	Fall 2

Tabelle 28: Gruppenvergleich für Privatsphäre-Gruppen im Vgl. niedrig und mittel

Stellt man einen Gruppenvergleich zwischen den Extrema „Privacy Unconcerned" und "Privacy Fundamentalists" an, so zeigen sich für die Hypothesen H2a/b, H3a und H5 signifikante Unterschiede. H2a/b, der Effekt von wahrgenommener Marken(un)ähnlichkeit auf Interesse an Anzeige, tritt nur für „Privacy Fundamentalists" ein. Dem Pfadkoeffizienten zufolge ist dieser positiv. Auch die Effekte von der wahrgenommener Markenähnlichkeit auf die Internet-Besorgnis (H3a) und von dem Interesse an der Anzeige auf die Webseiten-Besorgnis (H5) lassen sich nur bei „Privacy Fundamentalists“ feststellen. Für beide Effekte geht man von einer negativen Wirkungsrichtung aus. Verwunderlich erscheint hier allerdings der Zusammenhang, dass mit zunehmender Wahrnehmung von ähnlichen Markenpersönlichkeiten die Internet-Besorgnis sinkt, vor allem wenn eine Person einen hohen Wert im Datenschutz sieht.

Privatsphäre Gruppenvergleich niedrig vs. hoch							
	Privacy Unconcerned			**Privacy Fundamentalists**			
	Koeffizient	**SE**	**t-Wert**	**Koeffizient**	**SE**	**t-Wert**	**Ergebnis**
H2a	-0,0692	0,0963	0,7193	0,3951	0,1331	2,968	Fall 2
H2b	0,066	0,0837	0,7892	-0,2356	0,1409	1,6719	Fall 2
H3a	0,006	0,0658	0,0917	-0,4711	0,1894	2,4875	Fall 2
H5	-0,0418	0,0616	0,679	-0,2732	0,1193	2,2892	Fall 2

Tabelle 29: Gruppenvergleich für Privatsphäre-Gruppen im Vgl. niedrig und hoch

Letzter Vergleich der Privatsphäre-Gruppen zwischen „Privacy Pragmatists“ und „Privacy Fundamentalists“ zeigt auf, dass auch hier nur ein Gruppen-Effekt für „Privacy Fundamentalists“ bestätigt werden kann. Dieser geht auf den Zusammenhang zwischen Markenähnlichkeit und Internet-Besorgnis ein, der zunächst paradox wirkt.

Privatsphäre Gruppenvergleich mittel vs. hoch							
	Privacy Pragmatists			**Privacy Fundamentalists**			
	Koeffizient	**SE**	**t-Wert**	**Koeffizient**	**SE**	**t-Wert**	**Ergebnis**
H3a	0,0994	0,0847	1,1731	-0,4711	0,1894	2,4875	Fall 2

Tabelle 30: Gruppenvergleich für Privatsphäre-Gruppen im Vgl. mittel und hoch

Eine abschließende Untersuchung der Güte ergab, dass für die Gruppe „Privacy Unconcerned“ die Konstrukte Einstellung gegenüber der Anzeige und Interesse an der Anzeige nicht hinreichend erklärt werden können. Das R^2 liegt bei beiden Konstrukten unter 0,25. Für die Gruppe „Privacy Pragmatists“ ist das Konstrukt Einstellung gegenüber der Anzeige nicht genügend durch seine Einflussgrößen erklärt. Für die letzte Teilgruppe „Privacy Fundamentalists“ hat das endogene Konstrukt Einstellung gegenüber der Anzeige ein zu kleines R^2. Die Vorhersagevalidität (Stone-Geissers Q^2) dagegen kann für alle Konstrukte bescheinigt werden.

Güteprüfung						
	Unconcerned		**Pragmatists**		**Fundamentalists**	
Konstrukt	**R^2**	**Q^2**	**R^2**	**Q^2**	**R^2**	**Q^2**
Interesse an Anzeige	**0,077**	0,0247	0,2975	0,2379	0,3696	0,3012
Internet-Besorgnis	0,3116	0,2301	0,2446	0,18	0,3498	0,1858
Webseite-Besorgnis	0,419	0,3366	0,2753	0,2372	0,3299	0,2726
Einstellung ggü. Anzeige	**0,0257**	0,0101	**0,0822**	0,0726	**0,1063**	0,0826
Klickabsicht	0,4291	0,3053	0,5409	0,3505	0,5617	0,4118

Tabelle 31: Güteüberprüfung für den moderierenden Effekt Privatsphäre-Gruppe

4.4 Interpretation der Ergebnisse

Die aus der Berücksichtigung der Moderatoren resultierenden Effekte, die in *Hypothese 9* und *10* postuliert wurden, finden bei der Betrachtung der einzelnen Hypothesen eine gesonderte Beachtung. Aufgrund der Ergebnisse, die in dem vorherigen *Kapitel 4.3* präsentiert worden sind, kann festgehalten werden, dass die Wirkung des Privacy Calculus-Konstruktes auf das vorliegende Modell primär durch die Ausprägung der Moderatoren bedingt ist. Rückschlüsse aus den Moderatoren müssen deshalb der jeweiligen Hypothese direkt zugeordnet werden. *Tabelle 32* zeigt die Hypothesen und ihre Ergebnisse in einer Übersicht.

Markenloyalität

Hypothese 1, in der ein (negativer) Einfluss der Markenloyalität (ggü. Nike bzw. Adidas) auf das Interesse an einer Anzeige (bestehend aus Nike- bzw. Adidas-(un)/ähnlichen Marken) postuliert wurde, kann aufgrund eines ermittelten signifikanten Effekts nicht verworfen werden. Jedoch zeigt der in *Kapitel 3* postulierte Effekt in eine entgegengesetzte Wirkungsrichtung (positiv). Aus diesem Grund wird die Hypothese abgelehnt. Basierend auf *Dick* und *Basu's* (1994, S. 101) Definition der „echten Markenloyalität" wird in *Kapitel 3* angenommen, dass Individuen resistent gegenüber Akquisitionsversuchen durch Konkurrenzmarken sind. Nun stellt sich wiederum heraus, dass Individuen, die angeben eine geringe Wechselbereitschaft zu anderen Marken zu haben, sich durch die Anzeige, die ihre präferierte Marke (Nike bzw. Adidas) nicht enthält, dennoch angesprochen fühlen. Da die „echte Markenloyalität" nicht davon ausgeht, dass es subjektive oder situative Umwelteinflüsse gibt, die an der Verbundenheit zur Marke etwas ändern können, muss der Großteil dieser Stichprobe nicht „echt loyal" sein (Dick & Basu, 1994, S. 101).

Hypothesenübersicht		Ergebnis
H_1:	Je höher die Loyalität gegenüber einer Marke ist, desto geringer wird das Interesse an einer Anzeige sein, die Produkte (un)/ähnlicher Marken enthält.	Verworfen ➔ falsche Wirkungsrichtung
H_{2a}:	Je ähnlicher die Marken gegenüber einer präferierten Marke wahrgenommen werden, desto höher wird das Interesse an einer Anzeige sein.	Angenommen ➔ H9 → H2a: signifikant bei Privacy Pragmatists
H_{2b}:	Je unähnlicher die Marken gegenüber einer präferierten Marke wahrgenommen werden, desto geringer wird das Interesse an einer Anzeige sein.	Verworfen ➔ falsche Wirkungsrichtung ➔ H9 → H2a: signifikant bei Privacy Pragmatists u. Fundamentalists (dort stimmt auch Vorzeichen)
H_{3a}:	Je ähnlicher die Marken gegenüber einer präferierten Marke wahrgenommen werden, desto höher wird die Privatsphäre-Besorgnis des Nutzers im Internet sein.	Verworfen ➔ H10 → H3a: signifikant nur wenn keine Datenschutzkampagne gezeigt wird ➔ H9 → H3a: signifikant für Privacy Fundamentalists, allerdings in negativer Wirkungsrichtung
H_{3b}:	Je unähnlicher die Marken gegenüber einer präferierten Marke wahrgenommen werden, desto geringer wird die Privatsphäre-Besorgnis des Nutzers im Internet	Angenommen ➔ H10 → H3b: signifikant mit Datenschutzkampagne
H_4:	Je höher ein Risiko bei Nutzung des E-Mail-Portals wahrgenommen wird, desto höher wird die Privatsphäre-Besorgnis des Nutzers im Internet sein.	Angenommen
H_5:	Je höher das Interesse eines Nutzers an einer Anzeige ist, desto geringer wird die Privatsphäre-Besorgnis gegenüber dem E-Mail-Portal sein.	Angenommen ➔ H10 → H5: signifikant mit Datenschutzkampagne ➔ H9 → H5: signifikant für Privacy Fundamentalists
H_6:	Je höher die Privatsphäre-Besorgnis eines Nutzers im Internet ist, desto höher wird die Privatsphäre-Besorgnis gegenüber dem E-Mail-Portal sein.	Angenommen ➔ H10 → H6: Gruppeneffekt bestätigt. Höherer Effekt bei keiner Datenschutzkampagne
H_7:	Je geringer die Privatsphäre-Besorgnis eines Nutzers gegenüber dem E-Mail-Portal ist, desto positiver wird die Einstellung gegenüber einer Anzeige sein	Angenommen ➔ H10 → H7: signifikant mit Datenschutzkampagne
H_8:	Je positiver die Einstellung gegenüber einer Anzeige, desto höher ist die Klickabsicht.	Angenommen
H_9:	Die Stärke der Konstruktzusammenhänge des aufgestellten Modells wird signifikant zwischen den Nutzergruppen Privacy Fundamentalists, Privacy Pragmatists und Privacy Unconcerned abweichen.	Angenommen
H_{10}:	Die Stärke der Konstruktzusammenhänge des aufgestellten Modells wird signifikant voneinander abweichen, wenn die Nutzer mit einer Datenschutzkampagne konfrontiert werden oder nicht.	Angenommen

Tabelle 32: Übersicht über die Ergebnisse zum postulierten Kausalmodel

Eine positive relative Einstellung zur Marke Nike bzw. Adidas kann nach *Dick* und *Basu's* (1994, S. 102) Studie auch in einer zweiten Art der Markenloyalität der „latenten Markenloyalität" münden, die empfänglicher für andere Umwelteinflüsse ist.[24] Diese kombiniert eine hohe relative Einstellung zu einer Marke mit einem niedrigen Wiederkaufverhalten (Dick & Basu, 1994, S. 102). Nach *Oliver* (1999, S. 35 ff.),[25] der sich auf die Erkenntnisse von *Dick* und *Basu* beruft, gibt es Komponenten, die beschreiben, dass nicht jede Verhaltensabsicht eines markenloyalen Kunden zwangsweise zu einem realen Handeln führt. Diese Beobachtungen helfen dabei zu verstehen, weshalb nicht jeder markentreue Konsument von Umwelteinflüssen befreit ist. Andererseits wird in dieser Studie nur die Verhaltensabsicht und nicht das tatsächliche Verhalten untersucht.

Bemerkenswert ist, dass das Interesse an der Anzeige mit einem Pfadkoeffizienten von 0,32 am stärksten durch die Markenloyalität beschrieben wird. Vor allem markentreue Konsumenten fühlen sich durch die Retargeting-Anzeige angesprochen. Umso mehr findet nun die Ursache dafür Beachtung. Da die Aufrechterhaltung der Markenbeziehung kein vordergründiges Bedürfnis für die erhobene Stichprobe darstellt, müssen andere psychische Motive eine Rolle spielen. Hierfür kann die Markenpersönlichkeit ein Indikator sein. Offenbar scheint der Konsument durch das Potenzial zur Selbstwerterhöhung motiviert zu sein, seinem idealen oder tatsächlichen Selbstkonzept durch ähnliche Markenpersönlichkeiten Ausdruck zu verleihen (Gollwitzer & Wicklund, 1985, S. 703). Der Erwerb von ähnlichen Marken erfüllt demzufolge den gleichen Zweck, den auch die präferierten Marke vordergründig hat, die Selbstkongruenz und -ergänzung. Zum einen möchte ein Konsument Konsistenz in seinem Auftreten ausstrahlen, sich so zeigen, wie er sich auch selbst sieht (Aronson, 1969, S. 3). Zum anderen ergänzt er mit dem Markenprodukt eine Eigenschaft, die er gerne besitzen würde (Florack & Scarabis, 2012, S. 184). Je ähnlicher die Marken dabei der originären Marke (Adidas oder Nike) sind, desto stärker scheint dieser Effekt zu sein. Die persönliche Identifikation muss folglich nicht auf nur eine Marke ausgerichtet sein, sondern kann sich bei Ähnlichkeit der Marken auf mehrere Marken richten. *Abbildung 12* illustriert den Zusammenhang:

---

[24] Zudem gibt es noch die „falsche Loyalität" und „keine Loyalität" als Loyalitätsarten von Dick & Basu, 1994, S. 101 f.

[25] Oliver (1999, S. 35 f.) unterscheidet eine kognitive, affektive, konative und aktionale Komponente der Markenloyalität. Die Markenloyalität nimmt über die einzelnen Loyalitätsstufen nacheinander zu.

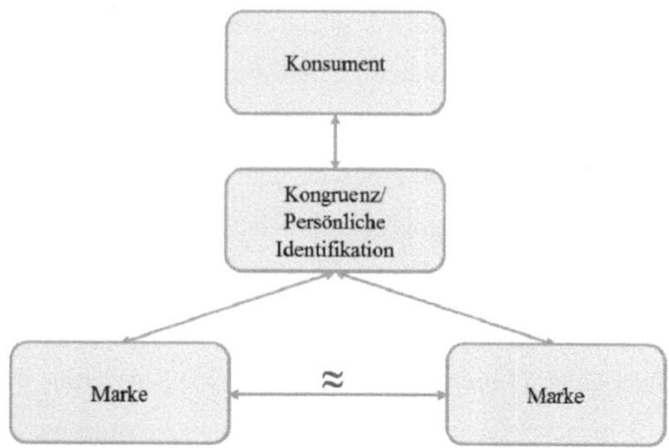

Abbildung 12: Selbstkongruenzprinzip bei Markenähnlichkeiten

Wahrgenommene Markenähnlichkeit

Bezüglich der wahrgenommenen Markenähnlichkeiten sind zwei Hypothesen auf ihre Gültigkeit überprüft worden, *Hypothese 2a* und *Hypothese 3a.* Aus den Ergebnissen der Studie geht hervor, dass die Wahrnehmung von Markenähnlichkeiten einen signifikanten Einfluss auf das Interesse an einer Retargeting-Anzeige hat. Dabei wurde eine Höhe des Pfadkoeffizienten von 0,26 ermittelt. Die Wirksamkeit auf die Privatsphäre-Besorgnis im Internet kann nicht signifikant bestätigt werden. Der Privacy Calculus wird demnach durch die Gestaltung von Retargeting-Anzeigen mit markenähnlichen Produkten im Allgemeinen nicht ausgelöst. Ein Grund kann sein, dass Markenähnlichkeiten dem Konsumenten ein besonderes Nutzenversprechen versichern, so dass hauptsächlich das Interesse angesprochen wird. Risiken spielen dabei dann eine untergeordnete Rolle. Die Überlegungen der Principal Agent Theory zugrunde gelegt, kann angenommen werden, dass Markenpersönlichkeiten Unsicherheiten reduzieren. Sie lassen Rückschlüsse auf Eigenschaften von Produkten zu, die Konsumenten nicht zugänglich sind (z.B. Qualität, Zuverlässigkeit). Das Problem der Adversen Selektion (versteckten Information), bei der ein Internetnutzer die Qualität und Ehrlichkeit eines Webseitenanbieters in Frage stellt (Pavlou et al., 2007, S. 110), kann mittels Markenpersönlichkeiten reduziert werden. Steht eine Marke beispielsweise für Sicherheit und Kompetenz, wird einer Werbeanzeige, die eine solche Marke enthält, vermeintlich mehr Vertrauen gegenüber gebracht (Hieronismus, 2003, S. 93). Dies lässt sich ebenso durch das von *Sirgy* (1982) angeführte Streben nach Konsistenz belegen, die eine Übereinstimmung des Selbstkonzeptes durch externe Stimuli herstellt. Grundlage der Theorie ist das menschliche Bedürfnis nach Sicherheit, welches durch externe Stimuli kompensiert werden kann (Swan et al., 1992, S. 393).

Hier lohnt sich der Blick auf den Gruppenvergleich. Demnach ist der Effekt auf die Internet-Besorgnis signifikant, wenn den Probanden keine Datenschutzkampagne gezeigt wird. Ohne das Anzeigen der Datenschutzkampagne spielen die Risiken, die durch eine Werbeanzeige ausgelöst werden, eine Rolle. In diesem Fall wird der Wahrnehmung der Markenähnlichkeiten ein Einfluss auf die Internet-Besorgnis zugesprochen. Da dies jedoch nur durch den Gruppeneffekt bewirkt wird, ist davon auszugehen, dass das Spionage-Risiko bei Personalisierung einer Werbeanzeige durch das Spionage-Risiko bei Nutzung eines E-Mail-Portals beeinflusst wird. Aus den Ergebnissen von *Kapitel 4.3.5* lässt sich keine Korrelation beider unabhängigen Variablen erkennen, demnach ist eher von einer Interaktion auszugehen. Erst wenn beide Risiken gemeinsam auftreten, wird *Hypothese 3a* bestätigt. Um eine Interaktion bestätigen zu können, bedarf es aber weiterer Forschungsarbeiten, die beide Risiken nicht mehr isoliert, sondern einen Interaktionseffekt zwischen den Risiken integrieren.

Ein weiterer interessanter Effekt ergibt sich aus dem Gruppenvergleich der Privatsphäre-Gruppen. Hier stellt sich ein signifikanter Effekt von wahrgenommenen Markenähnlichkeiten auf die Internet-Besorgnis nur bei Privacy Fundamentalists ein. Dies erfolgt aber entgegengesetzt der Erwartung, denn der Wirkungszusammenhang ist negativ. Demnach sind Personen, die sich über die Datenschutzbestimmung einer Webseite informieren, durch die Wahrnehmung von Markenähnlichkeiten weniger besorgt um ihre Privatsphäre im Internet. Studien, die der Frage nachgegangen sind, warum Menschen Datenschutzrichtlinien durchlesen, haben gezeigt, dass vor allem Motive wie der Schutz der Privatsphäre oder die Abschirmung vor Belästigung aufkommender Junk-Mails[26] im Vordergrund der Besorgnis stehen (Milne & Culnan, 2004, S. 24). Sie weisen nach, dass Datenschutzrichtlinien vor allem dann gelesen werden, wenn eine Person weniger vertraut mit dem Webseitenanbieter ist (Milne & Culnan, 2004, S. 24). Wenn sich die Person demzufolge über Datenschutz informiert, will sie Vertrauen gewinnen. Je mehr sie mit einem Webseitenanbieter vertraut ist, desto weniger verlangt sie diesen Schutz. Auch Markenpersönlichkeiten besitzen eine vertrauensstiftende Funktion (Fournier, 1994). Diese vertrauensstiftende Funktion kann als ein Ablenkungsmanöver verstanden werden, mittels der die Besorgnis derer, die der eigenen Privatsphäre eine hohe Gewichtung beimessen, reduziert und die Angst vor Privatsphäre-Eingriffen genommen wird. Das Phänomen kann auch der Tatsache geschuldet sein, dass nicht das eigentliche Produkt

[26] Junk-Mails sind, ähnlich wie Spam-Mails, Nachrichten, die ein Internetnutzer unerwünscht in seinem Postfach erhält. Meist sind dies Newsletter oder andere Werbemails.

angezeigt wird , welches in einem Online-Shop schon einmal angeklickt worden ist, sondern dementsprechende ähnliche Marken, die einen Wiedererkennungswert haben. So lässt sich jedoch nicht behaupten, dass der Nutzenfaktor der Anzeige erhöht wird. Ein signifikanter Effekt bei Privacy Pragmatists ist einzig für *Hypothese 2a* bescheinigt worden. Hier ist entscheidend auf die kleine Zahl der Stichprobe von 43 Probanden für Privacy Fundamentalists hinzuweisen, die den Gruppenvergleich beeinflusst.

Wahrgenommene Markenunähnlichkeit

Die wahrgenommene Unähnlichkeit von Markenpersönlichkeiten erzeugen als direkte Einflussgröße für das Interesse an der Anzeige und die Privatsphäre-Besorgnis im Internet signifikante Effekte. Die in *Hypothese 2b* als negativ vermutete Wirkung auf das Interesse an einer Retargeting-Anzeige stellt sich als positiver Zusammenhang heraus. Dabei bestimmt dieser Effekt aber am schwächsten das Interesse an der Anzeige. Demnach ist zu konstatieren, dass für diese Stichprobe Markenunähnlichkeit ebenfalls eine Nutzenkomponente darstellt. Dies widerspricht dem von *Bauer et al.* (2002, S. 665 ff.) postulierten Konzept, dass Menschen bei der Auswahl von Marken nach Kongruenz streben, d.h. Markenpersönlichkeiten suchen, die ihrer eigenen ähnlich sind. Da die Konsumentenpersönlichkeit nicht explizit gemessen worden ist, ist eine generelle Ablehnung ihres Arguments nicht vorzunehmen. Nichtsdestotrotz fällt der Effekt geringer aus als bei ähnlichen Markenpersönlichkeiten, so dass eine Tendenz zu *Bauer et al.*'s Argumentation erkannt werden kann. Bei Betrachtung der Gruppeneffekte wird für Privacy Pragmatists und Privacy Fundamentalists der Wirkungszusammenhang in die vorgesehene negative Richtung bestätigt. Dies ist wiederum eine Bestätigung für die vorangegangene Beobachtung, dass vor allem Personen, denen Datenschutz wichtig ist, durch ähnliche Markenpersönlichkeiten im Besonderen angesprochen werden. Unähnliche Markenpersönlichkeiten können daher den Effekt nicht bewirken.

Risiko bei Nutzung der Webseite

Dem empfundenen Risiko bei der Nutzung des E-Mail-Portals kann eine übergeordnete Rolle bei der Beschreibung der Internet-Besorgnis zugeschrieben werden. Mit einem Pfadkoeffizient von -0,44 wird ein deutlicher Wirkungseffekt für *Hypothese 4* bescheinigt. Dies kann daran liegen, dass die Informationen, die ein Prinzipal (Internetnutzer) im Rahmen eines E-Mail-Portals (Agent) austauscht, als ein höheres Privatsphäre-Risiko gewertet werden, als ein solches, das von der Personalisierung der Werbeanzeige ausgeht. Frühere Studien haben nachgewiesen, dass die Bereitstellung der Informationspreisgabe (auch bei Dritten) von der

Sensibilität der Informationen abhängt (Milne, 1997, S. 307; Milne & Boza, 1999, S. 6; Phelps et al., 2000, S. 38). Dafür spricht, dass bei einem E-Mail-Portal z.B. Informationen bewusst eingegeben werden, wohingegen die Sammlung von Produktpräferenzen bei Retargeting-Maßnahmen eher als eine unbewusste Informationsbereitstellung charakterisiert werden kann (Milne & Culnan, 2004, S. 17 f.). Sind die Folgen durch Spionage im Rahmen von E-Mail-Portalen aufgrund der starken öffentlichen Aufmerksamkeit gegenüber der NSA-Überwachung im Allgemeinen präsenter, werden die Tracking-Maßnahmen im Rahmen von Retargeting-Anzeigen eher als individuell zu werten sein. Dies entspricht auch einem Ergebnis, welches aus der Studie von *Garg* (2012, S. 46) hervorgeht. Demnach sind die Gefahren, die von der Verwendung von Cookies ausgehen, für viele Nutzer zu abstrakt. Ältere Risiken, die umfassend auf reale Risiken in der Welt (offline) zu beziehen sind, wie beispielsweise der Identitätsdiebstahl, sind greifbarer (Garg, 2012, S. 46).

Eine Besonderheit äußert sich in dem nicht vorliegenden Gruppeneffekt der Datenschutzkampagne auf die Wahrnehmung der Risiken bei Nutzung des E-Mail-Portals. Demnach mindert die Datenschutzkampagne nur solche Risiken, die von der Werbeanzeige ausgehen. Dies ist befremdlich, da die Datenschutzkampagne gezielt auf die Verbesserung der Sicherheitsrisiken im E-Mail-Verkehr eingeht.

Interesse an Anzeige, Internet- und Webseiten-Besorgnis

Das Interesse an der Anzeige sowie auch die Privatsphäre-Besorgnis im Internet werden nicht hinreichend durch ihre vorgelagerten Variablen beschrieben. Zur Erklärung des Konstrukts Webseiten-Besorgnis eignen sich die genannten Variablen jedoch gut (R^2 von 0,32). Auch dokumentieren die Einflussgrößen eine signifikante Wirkung, so konnten *Hypothese 5* und *6* bestätigt werden. Vor allem durch die Internet-Besorgnis wird die Webseiten-Besorgnis gut beschrieben, was sich an dem hohen Pfadkoeffizienten von 0,54 erkennen lässt. Das Interesse an der Retargeting-Anzeige hat einen durchschnittlichen Einfluss mit einer Stärke von -0,19. Im Gruppenvergleich ist der Effekt jedoch nur signifikant, wenn die Probanden die Datenschutzkampagne gesehen haben. Da sich die Datenschutzkampagne lediglich bei der Reduzierung des Anzeigenrisikos (in der vermuteten Kombination des Webseiten-Risikos) ausgewirkt hat, erweist sich die Wirkung als schlüssig. Wie auch schon bezüglich des Werbeanzeigen-Risikos stellt sich auch hier lediglich bei der Gruppe der Privacy Fundamentalists ein signifikanter Effekt dar. Auch dies ist nach den vorherigen Überlegungen stimmig.

Für die Privatsphäre-Besorgnis hat sich eine differenzierte Betrachtung der Besorgnisformenals sinnvoll erwiesen (Ajzen & Fishbein, 2000). Gerade auch im Hinblick auf die Komplexität bzw. Abstraktion der Risiken, die sich für die Probanden darstellt, ist davon auszugehen, dass zunächst generelle Einstellungen für die Abwägung der Handlung herangezogen werden. Je näher die Entscheidung über die Nutzung der Anzeige ansteht, desto eher kommt die Webseiten-Besorgnis zum Tragen (Li, 2014, S. 37).

Hinsichtlich des Gruppenvergleichs wird der Nachweis erbracht, dass eine Datenschutzkampagne den Zusammenhang zwischen Internet- und Webseiten-Besorgnis reduzieren kann. Dies geht aus der Überlegung von *Pavlou et al.* (2007, S. 116) hervor, welche besagt, dass die Aussagekraft einer Webseite durch die Benachrichtigung über Verkaufspraktiken und Sicherheitsregulierungen erhöht werden kann und damit eine Reduzierung der allgemeinen Unsicherheit einhergeht.

Einstellung gegenüber Retargeting-Anzeige und Klickabsicht

Der Einfluss zwischen Webseiten-Besorgnis und Einstellung gegenüber der Retargeting-Anzeige ist mit einer Stärke von -0,22 signifikant. Damit bestätigt sich die in *Hypothese 7* postulierte Vermutung, die die Einstellung als Folge einer Abwägung von Überzeugungen betrachtet (Ajzen, 1985, S. 13). Die Risiko-Nutzen-Abwägung bestimmt sich hierbei vor allem aus dem Nutzen der Anzeige und den Risiken der Webseite. Auch der zweite Effekt, der durch *Ajzen*'s Theorie begründet worden ist, bestätigt sich als signifikant und zudem als stärkster Zusammenhang des gesamten Modells (Koeffizient von 0,74). *Hypothese 8* hält den Wirkungseffekt von der Einstellung gegenüber der Anzeige auf die Klickabsicht fest.

Bezogen auf den Moderator Datenschutzkampagne stellt sich der Effekt nur für Probanden ein, die die Datenschutzkampagne gesehen haben. Wie die vorherigen Erkenntnisse zeigten, ist dies voraussichtlich auf die positive Wirkung der Kampagne auf die Anzeige zurückzuführen. Die Einstellung gegenüber der Anzeige wird nicht ausreichend durch die Webseiten-Besorgnis erklärt.

4.5 Ableitungen und Handlungsempfehlungen für die Praxis

Entscheidende Erkenntnis dieser Forschungsarbeit ist, dass die Personalisierung von Retargeting-Anzeigen durch ähnliche Markenpersönlichkeiten nicht als isoliertes Risiko gesehen werden kann. Das Risiko bei der Personalisierung einer Werbeanzeige ist das Umfeld. Vertrauensbildende Maßnahmen, die im Rahmen des Retargeting-Umfelds vorgenommen werden, wirken sich positiv auf die Reduzierung der Besorgnis aus. Die Erkenntnis, dass es im Internet vertrauensbildende Maßnahmen gibt, ist nicht neu. Insgesamt bietet die existierende Literatur Einblicke dazu, wie Vertrauen im Internet geschaffen werden kann. Wird von einem Forschungsstrang vor allem die Ästhetik und einfache Bedienbarkeit einer Webseite als Grundlage für eine Kaufabsicht gesehen (Belanger et al., 2002, S. 265), zeigt ein anderer Strang empirisch auf, dass auch soziales Auftreten Nutzervertrauen signifikant beeinflussen kann (Hassanein & Head, 2007, S. 702; Pavlou et al., 2004, S. 118 f.), beispielsweise in Form von elektronischen Kundenberatern. Neu ist jedoch die Erkenntnis, dass sich vertrauensbildende Maßnahmen für Webseiten auf die Wahrnehmung von Werbeanzeigen auswirken können, obwohl sie oberflächlich in keinem Zusammenhang miteinander stehen. Unternehmen, die Retargeting-Maßnahmen in ihrem Werbebudget eingeplant haben, können diese Erkenntnis nutzen, um die Platzierung ihrer Anzeigen gezielt auf Werbeumfelder zu richten, die diesen Rahmen bieten. So sollten Retargeting-Anzeigen vor allem dort platziert werden, wo Datenschutz versprochen wird. Dies ist bei Finanzseiten, die eine Kampagne für die Gewährleistung des Bankgeheimnisses durchführen oder Sozialen Netzwerken, die sich für die Persönlichkeitsrechte ihrer Nutzer stark machen, der Fall.

Es hat sich im Rahmen der Studie ebenfalls gezeigt, dass die Besorgnis über die Gefährdung der eigenen Privatsphäre durch die Wahl ähnlicher Markenpersönlichkeiten reduziert werden kann. Dies ist insbesondere bei Personen der Fall, denen Datenschutz sehr wichtig ist, bei sogenannten Privacy Fundamentalists. Unternehmen können diese Information nutzen, um gezielt Personen anzusprechen, die sich über Datenschutzrichtlinien auf einer Webseite informieren. Mittels Cookies werden solche Informationen innerhalb eines Webseitenaufenthalts gespeichert und können für die zielgerichtete Ausrichtung einer digitalen Werbung verwendet werden.

Markenloyalität hat sich als entscheidender Nutzenfaktor für das Interesse an einer personalisierten Werbeanzeige herausgestellt, auch wenn die präferierte Marke nicht enthalten ist. Die Probanden dieser Stichprobe sind als nicht „echt markenloyal" zu bezeichnen, deshalb kann sich eine Untersuchung der Markenloyalität als Moderator eignen, um den Mechanismus, der sich hinter der nutzenstiftenden Funktion verbirgt, genauer zu verstehen. Weitergehende Forschungsarbeiten können sich genauer mit der Gruppe der markenloyalen Konsumenten auseinandersetzen. Dazu kann untersucht werden, ob der Einfluss der Markenloyalität sich signifikant zwischen Anzeigen mit ähnlichen und unähnlichen Marken verändert.

Die Studie unterliegt einigen Einschränkungen, die interessante Ansatzpunkte für zukünftige Forschungsarbeiten bieten. Eine Einschränkung der Studie stellt die Lücke zwischen Verhaltensabsicht und eigentlichem Verhalten dar (Morwitz et al., 1993, S. 46 f.). Weitere Studien sollten allerdings an dieser Stelle ansetzen, da sich das Surfverhalten von Internetnutzern durch Webanalyse-Tools messbar machen lässt (Winer, 2001, S. 97). Eine weitere Einschränkung stellt die Stichprobengröße dar. Wünschenswert wäre eine größere Stichprobe. Im Speziellen kann eine globale Studie nützlich sein, da, wie sich innerhalb früherer Studien gezeigt hat, Markenpersönlichkeiten und ihre Wirkungen innerhalb verschiedener Länder differieren (Aaker et al., 2001, S. 501; Smith et al., 2002, S. 29; Hieronismus, 2002, S.119 ff.). Auch unterscheidet sich der Grad der Datenschutzbedenken von Land zu Land (Krasnova et al., 2012, S. 130). Ist in Deutschland der Unsicherheitsvermeidungsgrad besonders hoch, ist beispielsweise in den USA davon auszugehen, dass die dortige Bevölkerung weniger sensibel bezüglich Eingriffen in die Privatsphäre ist (Krasnova et al., 2012, S. 130). Hier wäre zu untersuchen, ob eine Datenschutzkampagne ebenfalls einen positiven Effekt auf die Wahrnehmung einer personalisierten Werbeanzeige hat oder sie schlichtweg gar nicht beeinflusst. In zukünftigen Untersuchungen sollte der Bestand der Ergebnisse dieser Studie durch weitere Produktkategorien belegt werden. Neben der Produktkategorie sollte auch das Umfeld, in dem die Retargeting-Anzeige eingebettet ist, variiert werden. Hat sich herausgestellt, dass im Umfeld von E-Mail-Portalen Privatsphäre-Risiken von Retargeting-Anzeigen durch die Verwendung von ähnlichen Markenpersönlichkeiten keine Rolle mehr spielen, muss untersucht werden, ob im Umfeld von Sozialen Netzen oder aber von Online-Banking-Webseiten die Risiken gleichermaßen reduziert werden können.

Das Untersuchungsmodell wendet den Privacy Calculus an, um die Faktoren, die die Wahrnehmung einer Retargeting-Anzeige beeinflussen, zu analysieren. Da jedoch die Wahrnehmung der Anzeige nicht unabhängig von dem Umfeld erfolgt, in das sie eingebettet ist, müssen zukünftige Forschungsarbeiten eine Untersuchung der Interaktion beider Risiko-Einflüsse anstreben. Des Weiteren ist eine empirische Untersuchung weiterer Moderatoren sinnvoll. Haben besonders Ad-Blocker Vorbehalte gegenüber Retargeting-Anzeigen, ist eine Untersuchung, ob auch für sie Markenpersönlichkeiten eine Rolle spielen, interessant. Auch eine Untersuchung des Geschlechts kann von Bedeutung sein, sind vor allem im Rahmen von Online-

Shopping die Präferenzen unterschiedlich und ist auch die Bereitschaft persönliche Informationen preiszugeben bei Männern und Frauen anders (Krasnova et al., 2012, S. 130). Auch die Betrachtung verschiedener Produktkategorien erscheint sinnvoll. Zuletzt sind die Konstrukte Einstellung gegenüber der Anzeige, Internet-Besorgnis und Interesse an der Anzeige nicht hinreichend durch die gewählten Variablen in dieser Studie erklärt worden. Hier bedarf es der Identifikation weiterer Variablen (z.B. Werbevermeidung, -skepsis, -irritation), die die endogenen Variablen zu erklären versprechen.

5 Schlussbetrachtung

Retargeting ist ein Phänomen, welches im Online-Marketing zunehmende Bedeutung erfährt, jedoch in der Forschung bisher wenig Beachtung gefunden hat. Diese Diskrepanz gibt den Anstoß, Personalisierungsstrategien in der Forschung mehr Gewicht beizumessen, um das Potenzial für die Praxis voll ausschöpfen zu können.

Die Studie liefert erste Erkenntnisse, um zu erklären, wie die Gestaltung von Werbeanzeigen und die des Werbeumfeldes die Klickabsicht im Rahmen von Retargeting-Maßnahmen beeinflussen kann. Es ist gezeigt worden, dass der direkte Hinweis auf Datenschutzrisiken und die Zusicherung eines geschützten privaten Raumes die Besorgnisse um die eigene private Sicherheit, welche sich auf die Werbeanzeige bezieht, reduzieren kann. Durch die Verwendung von Datenschutzkampagnen, die zur Minderung von Risiken gegenüber dem Werbeumfeld eingesetzt werden, ließen sich bemerkenswerterweise nicht die Befürchtungen gegenüber dem Werbeumfeld reduzieren, sondern solche, die bei dem Betrachter einer personalisierten Werbeanzeige über Privatsphäre-Eingriffen ausgelöst werden. Dabei zeigt sich, dass Privatsphäre-Besorgnisse gegenüber dem Internet vor allem vom Werbeumfeld ausgehen. Gegenüber Personalisierungsstrategien der Werbeanzeige zeigt sich ein geringer Einfluss, da Privatsphäre-Risiken von Retargeting-Anzeigen Internetnutzern weniger greifbar zu sein scheinen.

Auf Grundlage des in der Konsumentenforschung entwickelten Konzeptes der Markenpersönlichkeit, welches als wesentlicher Faktor für die Bildung von Markenpräferenzen erachtet wird, lässt sich ein Nutzenfaktor erkennen, der das Interesse an Retargeting-Anzeigen beeinflusst. Die Personalisierung von Werbeanzeigen über ähnliche Markenpersönlichkeiten kann Unsicherheiten reduzieren, da sie dem Konsumenten ein besonderes Nutzenversprechen versichert. Wenn sich ein Konsument mit einer Marke persönlich identifizieren kann, so kann er dies auch mit solchen, die dieser ähnlich sind. Basierend auf dem Konzept des Strebens nach Konsistenz erfüllen auch ähnliche Markenpersönlichkeiten den Zweck zur Selbstwerterhaltung. Zudem hat sich die Wahrnehmung von ähnlicheren Markenpersönlichkeiten als ein besonderes Nutzenversprechen herausgestellt, welches das Interesse an Retargeting-Anzeigen erhöht.

Anhang

Markenauswahl

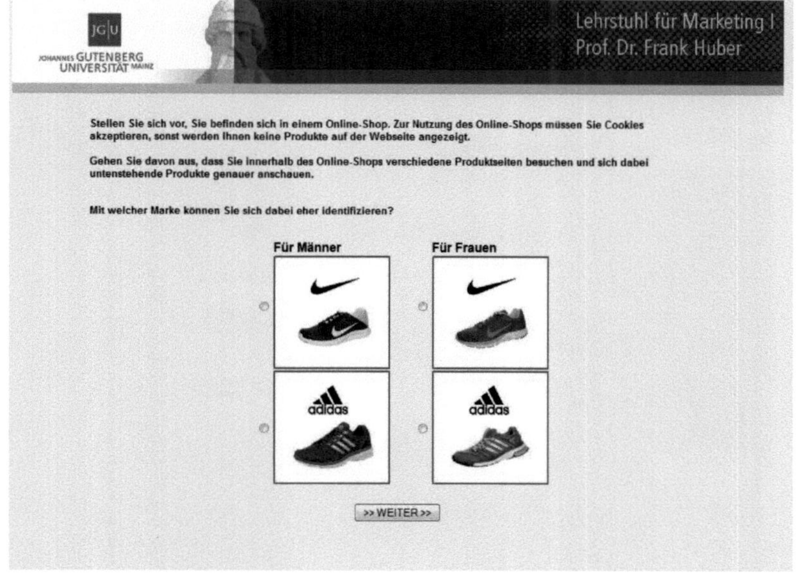

Anzeige mit ähnlichen Marken im Postfach ohne Datenschutzhinweis

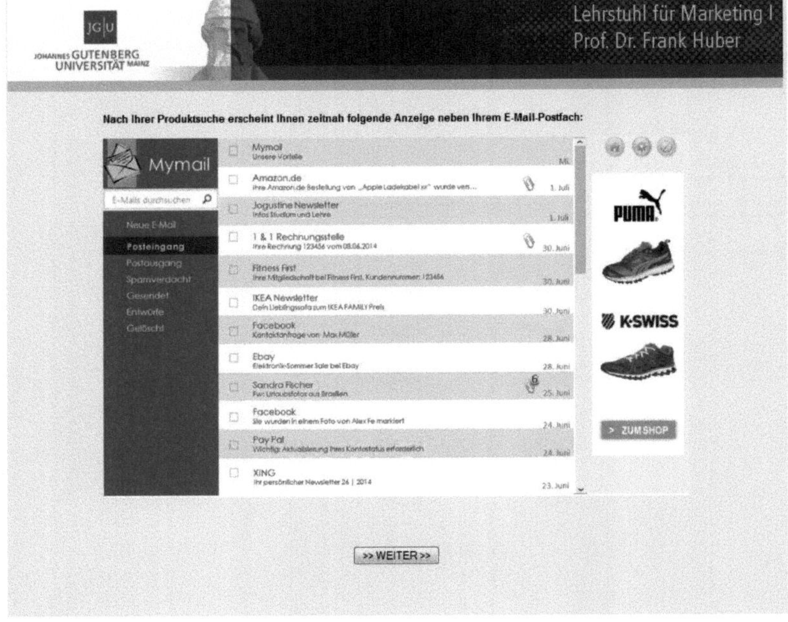

Anzeige mit unähnlichen Marken in Postfach mit Datenschutzhinweis

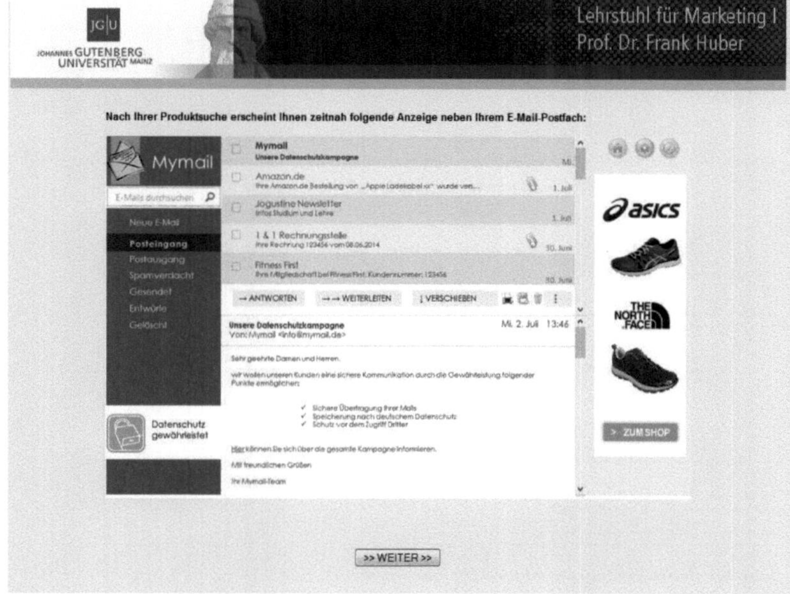

Kongruenz zwischen zuvor ausgewählter Marke und Proband, Loyalität zur Marke und Involvement zu Sportschuhen

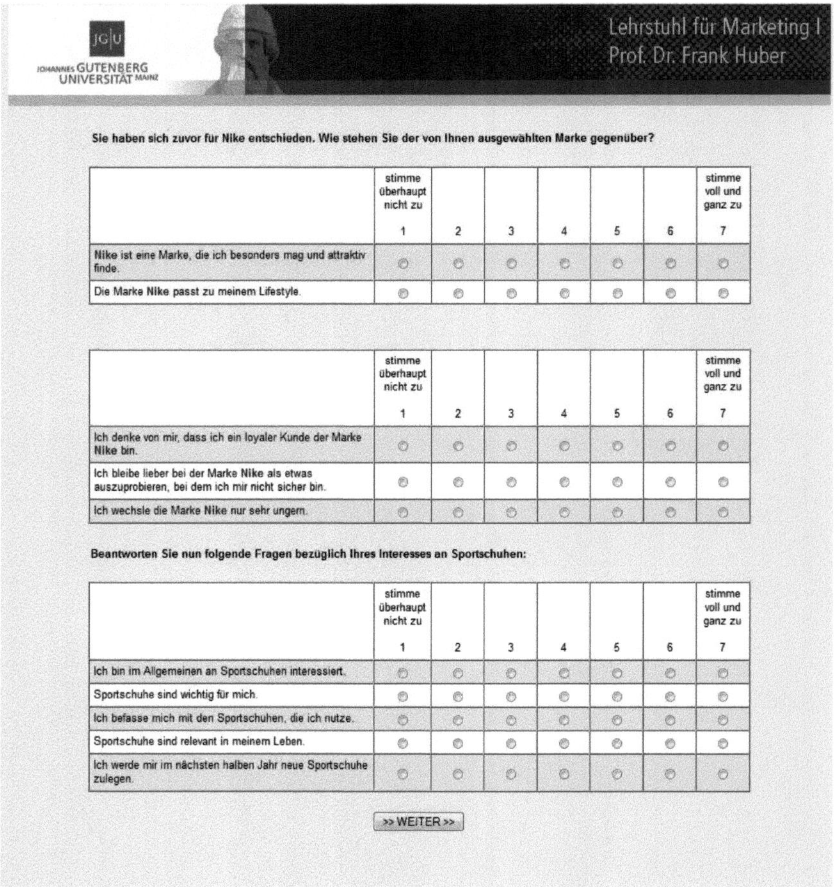

JOHANNES GUTENBERG UNIVERSITÄT MAINZ

Lehrstuhl für Marketing I
Prof. Dr. Frank Huber

Sie haben sich zuvor für Nike entschieden. Wie stehen Sie der von Ihnen ausgewählten Marke gegenüber?

	stimme überhaupt nicht zu 1	2	3	4	5	6	stimme voll und ganz zu 7
Nike ist eine Marke, die ich besonders mag und attraktiv finde.	○	○	○	○	○	○	○
Die Marke Nike passt zu meinem Lifestyle.	○	○	○	○	○	○	○

	stimme überhaupt nicht zu 1	2	3	4	5	6	stimme voll und ganz zu 7
Ich denke von mir, dass ich ein loyaler Kunde der Marke Nike bin.	○	○	○	○	○	○	○
Ich bleibe lieber bei der Marke Nike als etwas auszuprobieren, bei dem ich mir nicht sicher bin.	○	○	○	○	○	○	○
Ich wechsle die Marke Nike nur sehr ungern.	○	○	○	○	○	○	○

Beantworten Sie nun folgende Fragen bezüglich Ihres Interesses an Sportschuhen:

	stimme überhaupt nicht zu 1	2	3	4	5	6	stimme voll und ganz zu 7
Ich bin im Allgemeinen an Sportschuhen interessiert.	○	○	○	○	○	○	○
Sportschuhe sind wichtig für mich.	○	○	○	○	○	○	○
Ich befasse mich mit den Sportschuhen, die ich nutze.	○	○	○	○	○	○	○
Sportschuhe sind relevant in meinem Leben.	○	○	○	○	○	○	○
Ich werde mir im nächsten halben Jahr neue Sportschuhe zulegen.	○	○	○	○	○	○	○

>> WEITER >>

Wahrgenommene Ähnlichkeit zwischen zuvor ausgewählter Marke und in Anzeige dargestellter Marken

In der Werbeanzeige neben Ihrem E-Mail-Postfach wurden Ihnen weitere Marken angezeigt. Wenn Sie die eben gesehenen Marken mit der von Ihnen gewählten Marke Nike vergleichen, dann...

	nicht zusammen 1	2	3	4	5	6	zusammen 7
Passen die Marke Nike und die Marke Puma...	○	○	○	○	○	○	○
Passen die Marke Nike und die Marke K-SWISS...	○	○	○	○	○	○	○

	nicht komplementär 1	2	3	4	5	6	komplementär 7
Sind die Marke Nike und die Marke Puma...	○	○	○	○	○	○	○
Sind die Marke Nike und die Marke K-SWISS...	○	○	○	○	○	○	○

	nicht gleichartig 1	2	3	4	5	6	gleichartig 7
Sind die Marke Nike und die Marke Puma...	○	○	○	○	○	○	○
Sind die Marke Nike und die Marke K-SWISS...	○	○	○	○	○	○	○

>> WEITER >>

Wahrgenommenes Risiko das E-Mail-Portal zu nutzen (Reverse)

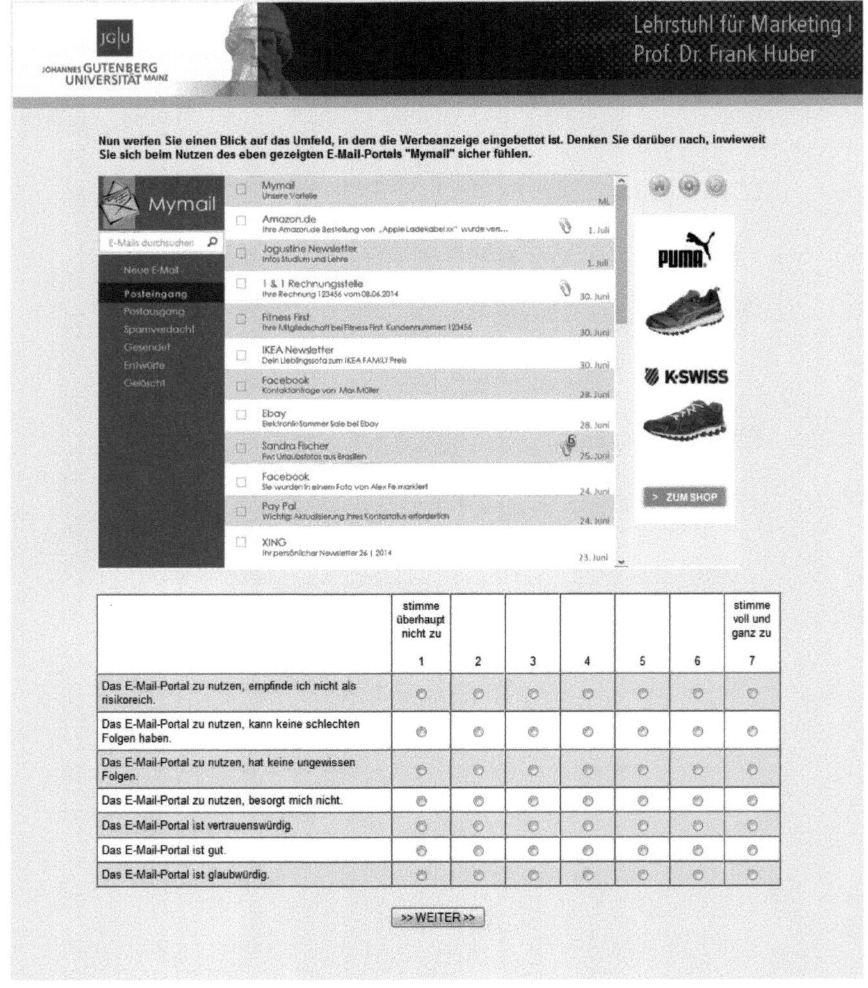

JG|U
JOHANNES GUTENBERG UNIVERSITÄT MAINZ

Lehrstuhl für Marketing I
Prof. Dr. Frank Huber

Nun werfen Sie einen Blick auf das Umfeld, in dem die Werbeanzeige eingebettet ist. Denken Sie darüber nach, inwieweit Sie sich beim Nutzen des eben gezeigten E-Mail-Portals "Mymail" sicher fühlen.

	stimme überhaupt nicht zu 1	2	3	4	5	6	stimme voll und ganz zu 7
Das E-Mail-Portal zu nutzen, empfinde ich nicht als risikoreich.	○	○	○	○	○	○	○
Das E-Mail-Portal zu nutzen, kann keine schlechten Folgen haben.	○	○	○	○	○	○	○
Das E-Mail-Portal zu nutzen, hat keine ungewissen Folgen.	○	○	○	○	○	○	○
Das E-Mail-Portal zu nutzen, besorgt mich nicht.	○	○	○	○	○	○	○
Das E-Mail-Portal ist vertrauenswürdig.	○	○	○	○	○	○	○
Das E-Mail-Portal ist gut.	○	○	○	○	○	○	○
Das E-Mail-Portal ist glaubwürdig.	○	○	○	○	○	○	○

>> WEITER >>

Interesse an Anzeige und Privatsphäre-Besorgnis im Internet

JG|U JOHANNES GUTENBERG UNIVERSITÄT MAINZ

Lehrstuhl für Marketing I
Prof. Dr. Frank Huber

Wenn Sie über die Marken, die in der Anzeige dargestellt werden nachdenken, inwieweit wecken diese Ihr Interesse?

	stimme überhaupt nicht zu 1	2	3	4	5	6	stimme voll und ganz zu 7
Ich habe der Anzeige hohe Aufmerksamkeit geschenkt.	○	○	○	○	○	○	○
Ich habe mich stark auf die Anzeige konzentriert.	○	○	○	○	○	○	○
Ich habe mich vollkommen auf die Anzeige eingelassen.	○	○	○	○	○	○	○

....inwieweit weckt diese bei Ihnen die Besorgnis, dass mit Ihren Daten im Internet nicht richtig umgegangen wird?

	Überhaupt nicht besorgt 1	2	3	4	5	6	Sehr besorgt 7
Ich bin darüber besorgt, dass Informationen, die ich im Internet zur Verfügung stelle (auch in Form meines Nutzerverhaltens), missbraucht werden.	○	○	○	○	○	○	○
Ich bin darüber besorgt, dass eine Person private Informationen von mir im Internet finden könnte.	○	○	○	○	○	○	○
Ich bin besorgt darüber, Informationen über mich herauszugeben (auch in From meines Nutzerverhaltens), weil ich nicht weiß, was andere damit machen.	○	○	○	○	○	○	○
Ich bin besorgt, Informationen über mich bereitzustellen, weil sie in einer Art verwendet werden könnten, die ich nicht dafür vorgesehen habe.	○	○	○	○	○	○	○

>> WEITER >>

Privatsphäre-Besorgnis gegenüber dem E-Mail-Portal

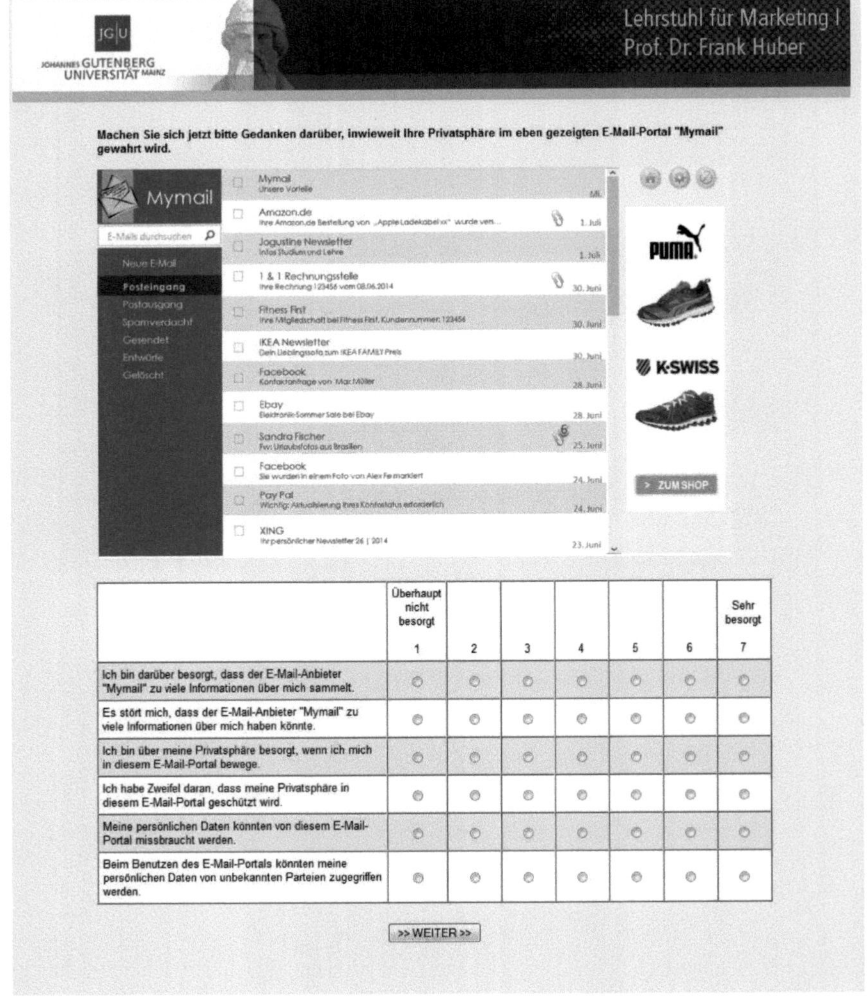

JGU
JOHANNES GUTENBERG UNIVERSITÄT MAINZ

Lehrstuhl für Marketing I
Prof. Dr. Frank Huber

Machen Sie sich jetzt bitte Gedanken darüber, inwieweit Ihre Privatsphäre im eben gezeigten E-Mail-Portal "Mymail" gewahrt wird.

	Überhaupt nicht besorgt 1	2	3	4	5	6	Sehr besorgt 7
Ich bin darüber besorgt, dass der E-Mail-Anbieter "Mymail" zu viele Informationen über mich sammelt.	○	○	○	○	○	○	○
Es stört mich, dass der E-Mail-Anbieter "Mymail" zu viele Informationen über mich haben könnte.	○	○	○	○	○	○	○
Ich bin über meine Privatsphäre besorgt, wenn ich mich in diesem E-Mail-Portal bewege.	○	○	○	○	○	○	○
Ich habe Zweifel daran, dass meine Privatsphäre in diesem E-Mail-Portal geschützt wird.	○	○	○	○	○	○	○
Meine persönlichen Daten könnten von diesem E-Mail-Portal missbraucht werden.	○	○	○	○	○	○	○
Beim Benutzen des E-Mail-Portals könnten meine persönlichen Daten von unbekannten Parteien zugegriffen werden.	○	○	○	○	○	○	○

>> WEITER >>

Einstellung gegenüber der Anzeige

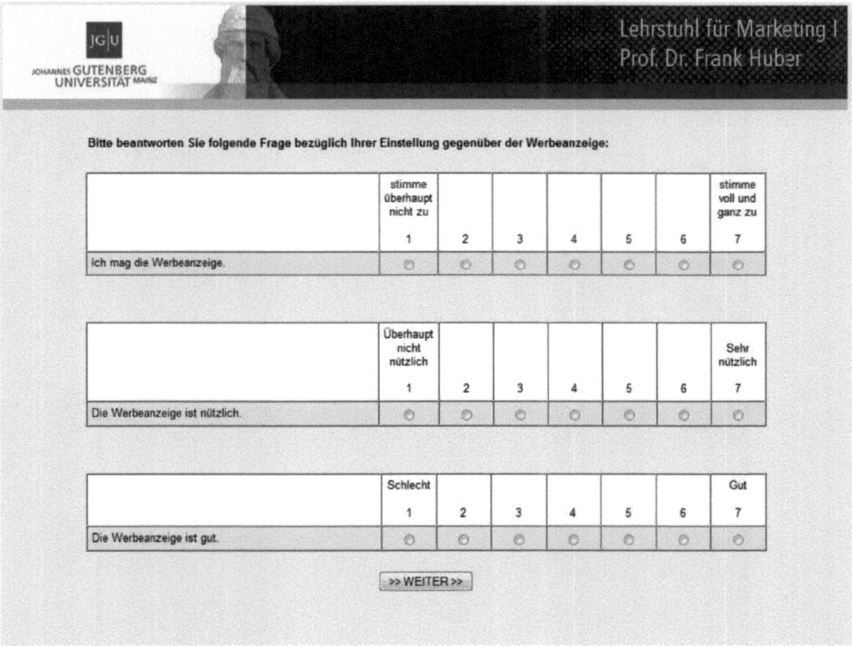

JG|U
JOHANNES GUTENBERG UNIVERSITÄT MAINZ

Lehrstuhl für Marketing I
Prof. Dr. Frank Huber

Bitte beantworten Sie folgende Frage bezüglich Ihrer Einstellung gegenüber der Werbeanzeige:

	stimme überhaupt nicht zu 1	2	3	4	5	6	stimme voll und ganz zu 7
Ich mag die Werbeanzeige.	○	○	○	○	○	○	○

	Überhaupt nicht nützlich 1	2	3	4	5	6	Sehr nützlich 7
Die Werbeanzeige ist nützlich.	○	○	○	○	○	○	○

	Schlecht 1	2	3	4	5	6	Gut 7
Die Werbeanzeige ist gut.	○	○	○	○	○	○	○

>> WEITER >>

Klickabsicht gegenüber der in Anzeige gesehenen Marken

JG|U JOHANNES GUTENBERG UNIVERSITÄT MAINZ

Lehrstuhl für Marketing I
Prof. Dr. Frank Huber

Wie hoch ist die Chance, dass Sie auf eines in der Werbeanzeige dargestellten Produkte klicken würden?

	Sehr gering 1	2	3	4	5	6	Sehr hoch 7
PUMA	○	○	○	○	○	○	○
K-SWISS	○	○	○	○	○	○	○

>> WEITER >>

Privatsphäre-Gruppen (Wichtigkeit von Datenschutz)

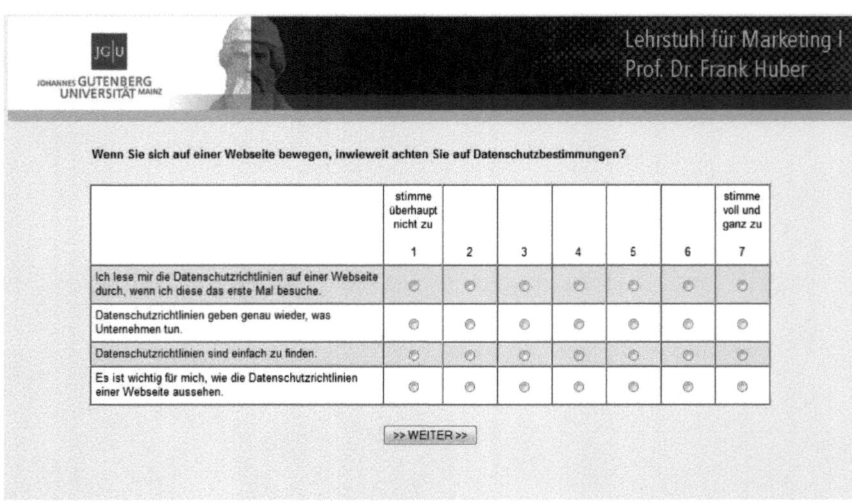

JG|U JOHANNES GUTENBERG UNIVERSITÄT MAINZ

Lehrstuhl für Marketing I
Prof. Dr. Frank Huber

Wenn Sie sich auf einer Webseite bewegen, inwieweit achten Sie auf Datenschutzbestimmungen?

	stimme überhaupt nicht zu 1	2	3	4	5	6	stimme voll und ganz zu 7
Ich lese mir die Datenschutzrichtlinien auf einer Webseite durch, wenn ich diese das erste Mal besuche.	○	○	○	○	○	○	○
Datenschutzrichtlinien geben genau wieder, was Unternehmen tun.	○	○	○	○	○	○	○
Datenschutzrichtlinien sind einfach zu finden.	○	○	○	○	○	○	○
Es ist wichtig für mich, wie die Datenschutzrichtlinien einer Webseite aussehen.	○	○	○	○	○	○	○

>> WEITER >>

Fragen zur Erfahrung mit dem Internet

JOHANNES GUTENBERG UNIVERSITÄT MAINZ

Lehrstuhl für Marketing I
Prof. Dr. Frank Huber

Beantworten Sie nun folgende Fragen bezüglich Ihrer Erfahrung mit dem Internet:

Klicken Sie grundsätzlich auf Online-Werbeanzeigen?

- Ja
- Nein

Nutzen Sie ein werbefreies E-Mail-Portal?

- Ja
- Nein

Kennen Sie das Add-On "Ad-Blocker-Plus"?

- Ja
- Nein

Nutzen Sie das Add-On "Ad-Blocker-Plus" zur Verhinderung von Online-Werbeanzeigen?

- Ja
- Nein

Wie oft löschen Sie Ihre Cookies?

- Ich akzeptiere nie Cookies.
- Ich lösche Cookies selten (ca. alle 3 Monate).
- Ich lösche Cookies regelmäßig (ca 1 x im Monat).
- Ich lösche Cookies oft (ca 1x pro Woche).

Wie oft löschen Sie Ihren Browserverlauf?

- Selten bis nie.
- Alle drei Monate.
- 1x pro Monat.
- 1x pro Woche.
- Wird sofort bei Schließen des Browsers gelöscht.

Wie häufig nutzen Sie das Internet?

- Selten bis nie.
- Mehrmals im Monat.
- Mehrmals die Woche.
- Täglich.
- Mehrmals täglich.

>> WEITER >>

Demografie

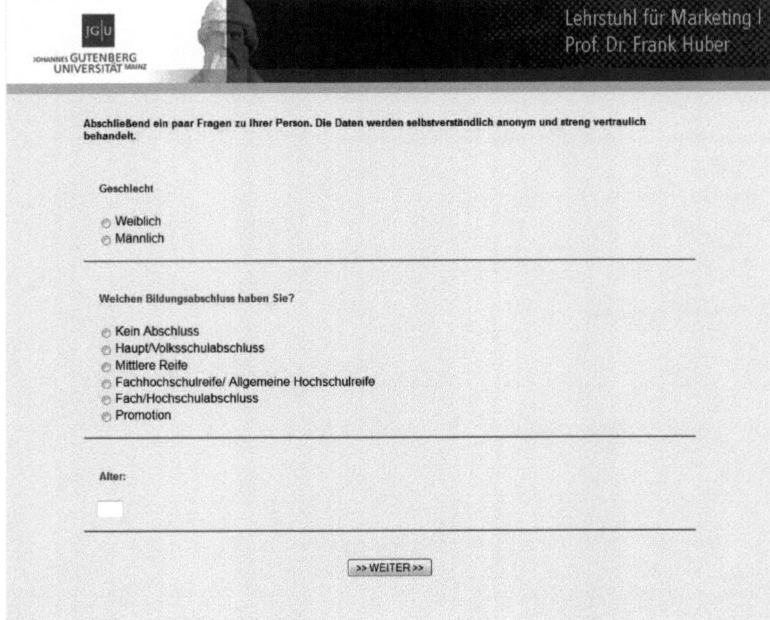
JOHANNES GUTENBERG UNIVERSITÄT MAINZ
Lehrstuhl für Marketing I
Prof. Dr. Frank Huber
Abschließend ein paar Fragen zu Ihrer Person. Die Daten werden selbstverständlich anonym und streng vertraulich behandelt.
Geschlecht
Weiblich
Männlich
Welchen Bildungsabschluss haben Sie?
Kein Abschluss
Haupt/Volksschulabschluss
Mittlere Reife
Fachhochschulreife/ Allgemeine Hochschulreife
Fach/Hochschulabschluss
Promotion
Alter:
>> WEITER >>

Literaturverzeichnis

Aaker, D.A. (1996): Building strong brands. New York: The Free.

Aaker, D. A., & Keller, K. L. (1990): Consumer evaluations of brand extensions. The Journal of Marketing, 27-41.

Aaker, J. L. (1997): Dimensions of brand personality. Journal of marketing research, Vol. 34, S. 347-356.

AGOF – Arbeitsgemeinschaft Online Forschung e.V.(2013): Internet –Facts 13-12, http://www.agof.de/download-internet-facts/#2013, (Stand: 12.10.2014).

Ahlert, D., Heidebur, S. & Michaelis, M. (2007): Kaufverhaltensrelevante Effekte des Konsumentenvertrauens im Internet – eine vergleichende Analyse von Online-Händlern. Working paper, in: Internetökonomie und Hybrid, No.48 in Coopertion with: European Research Center for information Systems, University of Münster, S. 1-43.

Ajzen, I. (1985): From intentions to actions: A theory of planned behavior. In J. Kuhl & J. Beckman (Eds.), Action-control: From cognition to behavior (pp. 11-39). Heidelberg: Springer.

Ajzen, I. (1988): Attitudes, personality, and behavior. Milton-Keynes, England: Open University Press & Chicago, IL: Dorsey Press.

Ajzen, I. (1993): Attitude Theory and Attitude-Behavior Relation. In: Krebs, D., & Schmidt, P. (Hrsg.), New Directions in Attitude Measurement (S. 41–57). Berlin: New York.

Ajzen, I., & Fishbein, M. (2000): Attitudes and the attitude-behavior relation: Reasoned and automatic processes. In W. Stroebe & M. Hewstone (Eds.), European Review of Social Psychology, S. 1-33. John Wiley & Sons.

Akerlof, G. A. (1970): The market for" lemons": Quality uncertainty and the market mechanism. The quarterly journal of economics, S. 488-500.

Alreck, P. L., & Settle, R. B. (2007): Consumer reactions to online behavioural tracking and targeting. Journal of Database Marketing & Customer Strategy Management, 15(1), S. 11-23.

Andrade, E. B., Kaltcheva, V., & Weitz, B. (2002): Self-disclosure on the web: the impact of privacy policy, reward, and company reputation. Advances in Consumer Research, 29(1), S. 350-353.

Aronson, E. (1969): The theory of cognitive dissonance: A current perspective. Advances in experimental social psychology, 4, S. 1-34.

Arrow, K. J. (1963): Uncertainty and the welfare economics of medical care. The American economic review, S. 941-973.

Backhaus, K., Erichson, B. & Weiber, R. (2013): Fortgeschrittene Multivariate Analysemethoden, 2. Aufl.

Baek, T. H., & Morimoto, M. (2012): Stay away from me. Journal of Advertising, 41(1), S. 59-76.

Bagozzi, Richard P. (1994): Structural Equation Models in Marketing Research - Basic Principles, in: Bagozzi, R. (Hrsg.), in: Principles of Marketing Research, Cambridge. S. 317-386.

Bansal, G., Zahedi, F., & Gefen, D. (2010): The impact of personal dispositions on information sensitivity, privacy concern and trust in disclosing health information online. Decision Support Systems, 49(2), S. 138-150.

Bauer, R.A. (1960): "Consumer Behavior as Risk Taking," in Dynamic Marketing for a Changing World, Robert S. Hancock, ed. (Chicago: American Marketing Assn.). S. 389-398.

Bauer, H.H., Mäder, R. & Huber, F. (2002): Markenpersönlichkeit als Determinante von Markenloyalität, Zeitschrift für betriebswirtschaftliche Forschung 54. Jg., Dezember, S. 687-709.

Bauer, H.H., Sauer, A. & Hendel, M. (2003): Risikowahrnehmung und Kaufverhalten im Internet, in: Marketing ZFP, 25. Jg., Nr. 3, S. 183-199.

Bauer, C., Grewe, G. & Hopf, G. (2011): Online Targeting und Controlling. Springer-Verlag – 282 Seiten.

Bauer, M. (2002): Controllership in Deutschland – Zur erfolgreichen Zusammenarbeit von Controllern und Managern, Wiesbaden.

Baumgarth, C. & Hansjosten, U. (2002): Messansätze für freche Marken, in: Marketing Journal, 35. Jg., Nr. 4, S. 42-47.

Baumgärtner, N. (2008): Risiken kommunizieren—Grundlagen, Chancen und Grenzen. In Krisenmanagement in der Mediengesellschaft (pp. 41-62). VS Verlag für Sozialwissenschaften.

Belanger, F., Hiller, J. S., & Smith, W. J. (2002): Trustworthiness in electronic commerce: the role of privacy, security, and site attributes. The Journal of Strategic Information Systems, 11(3), S. 245-270.

Bellman, S., Johnson, E. J., Kobrin, S. J., & Lohse, G. L. (2004): International differences in information privacy concerns: A global survey of consumers. The Information Society, 20(5), S. 313-324.

Bergen, M., Dutta, S., & Walker Jr, O. C. (1992): Agency relationships in marketing: a review of the implications and applications of agency and related theories. The Journal of Marketing, S. 1-24.

Berger, J. & Shiv, B (2011): "Food, Sex and the Hunger for Distinction,"Journal of Consumer Psychology,21(4), S. 464–472.

Biel, A. L. (1993): Converting image into equity. Brand equity and advertising: Advertising's role in building strong brands, S. 67-81.

Bless, H. & Schwarz, N. (2010): "Mental Construal and the Emergence of Assimilation and Contrast Effects: The Inclusion/Exclusion Model,"Advances in Experimental Social Psychology, 42, S. 319–73.

Bliemel, F., Eggert, A., Fassot, G. & Henseler, J. (2005): Handbuch PLS, Pfadmodellierung: Methode, Anwendung, Praxisbeispiele, Stuttgart.

Blumberg, K., Möhring, W., & Schneider, B. (2009): Risiko und Nutzen der Informationspreisgabe in sozialen Netzwerken. Neue Kommunikations- und Interaktions-formen als Herausforderung der Medienethik, 18.

Bodendorf, F. (2006): Daten und Wissen. Daten-und Wissensmanagement, S. 1-5.

Braunstein, C. (2001): Die Theorie des geplanten Verhaltens zur Erklärung der Kundenbindung–Ein nichtlineares Kausalmodell, Hochschulschrift, Universität Mainz (Doctoral dissertation, Dissertation).

Brehm, J. W. (1966): A theory of psychological reactance. New York. S. 377-390.

Bundesdatenschutzgesetz (2014): Nomos Verlagsgesellschaft Baden-Baden, 8. Auflage, 2072 Seiten.

Bundesverband Digitale Wirtschaft e.V. (2009): Targeting. Begriffe & Definitionen. – http://www.bvdw.org/medien/targeting-begriffe-und-definitionen?media=691 – 2009.

Bundesverband Digitale Wirtschaft e.V. (2011): BVDW-Befragung – Performance Marketing, 2011, URL: http://www.bvdw.org/medien/bvdw-haelfte-aller-werbungtreibenden-wollen-2011-mehr-in-performance-marketing-investieren?media=2752, (Stand: 11.10.2014).

Bundesverband Digitale Wirtschaft e.V. (2014): EU-Kommission bestätigt: E-Privacy-Richtlinie in Deutschland durch Telemediengesetz umgesetzt, URL:

http://www.bvdw.org/medien/eu-kommission-bestaetigt-e-privacy-richtlinie-in-deutschland-durch-telemediengesetz-umgesetzt?media=5474, (Stand: 12.10.2014).

Calder, B. J., Malthouse, E. C., & Schaedel, U. (2009): An experimental study of the relationship between online engagement and advertising effectiveness. Journal of Interactive Marketing, 23(4), S. 321-331.

Campbell, M.C. and Goldstein, R.C. (2001): "The moderating effect of perceived risk on consumers' evaluations of product incongruity: preference for the norm", Journal of Consumer Research, Vol. 28 No. 3, S. 439-449.

Campo, K., Gijsbrechts, E., & Nisol, P. (2000): Towards understanding consumer response to stock-outs. Journal of Retailing, 76(2), S. 219-242.

Chai, S., Bagchi-Sen, S., Morrell, C., Rao, H. R., & Upadhyaya, S. J. (2009): Internet and online information privacy: An exploratory study of preteens and early teens. Professional Communication, IEEE Transactions on, 52(2), S. 167-182.

Chang, Y., Bruns, L.D. & Noel, C. J. (1996): Attitudinal Versus Normative Influence in the Purchase of Brand Name Casual Apparel. Family and Consumer Sciences Research Journal, 25(1), S. 79-100.

Chaudhuri, A., & Holbrook, M. B. (2002): Product-class effects on brand commitment and brand outcomes: The role of brand trust and brand affect. The Journal of Brand Management, 10(1), S. 33-58.

Chellappa, R.K. & Shivendu S. (2008): An Economic Model of Privacy: A Property Rights Approach to Regulatory Choices for Online Personalization. Journal of Management Information Systems, Vol. 24, No. 3, S. 193-225

Chellappa, R. K., & Shivendu, S. (2010): Mechanism Design for "Free" but "No Free Disposal" Services: The Economics of Personalization under Privacy Concerns. Management Science, 56(10), S. 1766-1780.

Chellappa, R.K.& Sin, R.(2005): Personalization versus privacy: An empirical examination of the online consumer's dilemma. Information Technology and Management, Vol. 6, Nr. 2-3, S. 181-202.

Chin, W. & Newsted, P. (1999): Structural Equation Modeling Analysis With Small Samples Using Partial Least Squares, in: Hoyle, R. (Hrsg.): Strategies for Small Sample Research, Thousend Oaks, S. 307-342.

Chin, W.W. (1998): The partial least squares approach to structural equation modeling, in: Marcoulides, G.A. (Hrsg.), Modern methods for business research, Mahwah, S. 295-358.

Cho, C. (2001): Personal Correspondence.

Cho, C., Lee, J. & Tharp, M. (2001): Different Forced-Exposure Levels to Banner Advertisements, JAR, 41 (July-August), S. 45-56.

Christiansen, L. (2011): Personal privacy and Internet marketing: An impossible conflict or a marriage made in heaven?. Business horizons, 54(6), S. 509-514.

Cöner, Altan (2003): "Personalization and Customization in Financial Portals", Journal of the American Academy of Business, 2 (2), S. 498–504.

Connolly, R., & Bannister, F. (2007): Consumer trust in Internet shopping in Ireland: towards the development of a more effective trust measurement instrument. Journal of Information Technology, 22(2), S. 102-118.

Copeland, M. T. (1923): Relation of consumers' buying habits to marketing methods. Harvard Business Review, 1(3), S. 282-289.

Cox, D. F. (1967): Risk taking and information handling in consumer behavior.

Crosby, L. A., Evans, K. R., & Cowles, D. (1990): Relationship quality in services selling: an interpersonal influence perspective. The journal of marketing, S. 68-81.

Culnan, M. J., & Armstrong, P. K. (1999): Information privacy concerns, procedural fairness, and impersonal trust: An empirical investigation. Organization Science, 10(1), S. 104-115.

Cunningham, R. M. (1956): Brand loyalty-what, where, how much. Harvard Business Review, 34(1), S. 116-128.

Day, G. S. (1969): A Two-Dimensional Concept Of Brand Loyalty. Journal Of Advertising Research, 9(3), S. 29-35.

Dick, A. S., & Basu, K. (1994): Customer loyalty: toward an integrated conceptual framework. Journal of the academy of marketing science, 22(2), S. 99-113.

Diller, H. (1996): Kundenbindung als Marketingziel. Marketing: Zeitschrift für Forschung und Praxis, S. 81-94.

Dinev, T., & Hart, P. (2006): An extended privacy calculus model for e-commerce transactions. Information Systems Research, 17(1), S. 61-80.

Dowling, G. R., & Staelin, R. (1994): A model of perceived risk and intended risk-handling activity. Journal of consumer research, S. 119-134.

Eastlick, M. A., Lotz, S. L., & Warrington, P. (2006): Understanding online B-to-C relationships: an integrated model of privacy concerns, trust, and commitment. Journal of Business Research, 59(8), S. 877-886.

Epstein, S. (1977): Traits are alive and well. Personality at the crossroads: Current issues in interactional psychology, S. 83-98.

Erdtmann, S. L. (1989): Sponsoring und emotionale Erlebniswerte. Wirkungen auf den Konsumenten, Wiesbaden.

Esch, F. R. (2005): Moderne Markenführung. Grundlagen, Innovative Ansätze, Praktische Umsetzungen, 4. Aufl.

European Commission (2002): Directive 2002/58/EC of the European Parliament and of the Council of 12 July 2002 Concerning the Processing of Personal Data and the Protection of Privacy in the Electronic Communications Sector, European Commission.

European Union (2009): Directive 2009/136/EC of the European Parliament and of the Council, 2009). Official Journal of the European Union L337/11.

Faja, S., & Trimi, S. (2006): Influence of the web vendor's interventions on privacy-related behaviors in e-commerce. Communications of the Association for Information Systems, Vol. 17(1), Art. 27., S. 593-634.

Festinger, L. (1957): "Theorie der kognitiven Dissonanz", in: Irle,M.; Mötmann, V. (1957), Theorie der kognitiven Dissonanz, Bern u.a.: Hans Huber, S. 15-273.

Fishbein, M. & Ajzen, I. (1975): Belief, Attitude, Intention, and Behavior: An Introduction to Theory and Research. Reading, Massachusetts: Addison-Wesley Publishing Company. 1975.

Flavián, C. & Guinalíu, M. (2006): Consumer trust, perceived security and privacypolicy. Three basic elements of loyalty to a web site, Industrial Management & Data, Vol. 106, No. 5, S. 601-620.

Florack, A., & Scarabis, M. (2007): Personalisierte Ansätze der Markenführung. Psychologie der Markenführung, München, S. 177-196.

Fournier, S. (1994): A person-brand relationship framework for strategic brand management. University of Florida, Gainesville, FL.

Fournier, S. (1998): Consumers and their brands: developing relationship theory in consumer research. Journal of consumer research, 24(4), S. 343-353.

Frank, H. & Lipstein, B. (1962). The Dynamics of Brand Loyalty: A Markovian Approach. Operations Research, 10(1), S. 19-40.

Frias-Martinez, E., Chen, S. Y., & Liu, X. (2009) : Evaluation of a personalized digital library based on cognitive styles: Adaptivity vs. adaptability. International Journal of Information Management, 29(1), S. 48-56.

Fuchs, W., & Unger, F. (2014): Psychologische Theorien zur Beeinflussung durch Kommunikation. In Management der Marketing-Kommunikation (pp. 505-563). Springer Berlin Heidelberg.

Furse, D.H., Punj G.N. & Stewart, D.W. (1984): A Typology of Individual Search Strategies Among Purchasers of New Automobiles. Journal of Consumer Research, 10(4), S. 417-431.

Garg, V. (2012): Risk perceptions of security and privacy risks online. (Order No. 3552614, Indiana University). ProQuest Dissertations and Theses, 228 - Seiten.

Gauzente, C. (2010): The intention to click on sponsored ads—A study of the role of prior knowledge and of consumer profile. Journal of Retailing and Consumer Services, 17(6), S. 457-463.

Gilmore, G. W. (1919): Animism. Boston: Marshall Jones Company.

Gilmore, J. H., & Pine 2nd, B. J. (1996): The four faces of mass customization.Harvard business review, 75(1), S. 91-101.

GMX (2014): Email Made in Germany - Eine Initiative von GMX, Telekom und Web.de. URL: http://www.e-mail-made-in-germany.de, (Stand: 16.09.2014).

Gollwitzer, P. M., & Wicklund, R. A. (1985): Self-symbolizing and the neglect of others' perspectives. Journal of Personality and Social Psychology, 48(3), S. 702-715.

Google (2014): Remarketing mit Google Analytics, URL: http://www.google.de/intl/de/analytics/features/remarketing.html, (Stand: 12.10.2014).

Gopi, M., & Ramayah, T. (2007): Applicability of theory of planned behavior in predicting intention to trade online: some evidence from a developing country. International Journal of Emerging Markets, 2(4), S. 348-360.

Groene, N., von Wangenheim, F., & Schumann, J. H. (2012): Interest-Based Internet Advertising and Privacy Concerns: How to Increase the Acceptance of a Rising Marketing Phenomenon. Marketing Theory and Applications, S. 1-14.

Götz, O. & Liehr-Gobbers, K. (2004): Analyse von Strukturgleichungsmodellen mit Hilfe der Partial-Least-Squares(PLS)-Methode, in: Die Betriebswirtschaft 2004, 64 (4), S. 714–738.

Gounaris, S. & Stathakopoulos, V. (2004): Antecendents and Consequences of Brand Loyalty: An Empirical Study. Brand Management, 11 (4), S. 283-306.

Hann, I. H., Hui, K. L., Lee, S. Y. T., & Png, I. P. (2007): Overcoming online information privacy concerns: An information-processing theory approach. Journal of Management Information Systems, 24(2), S. 13-42.

Hassanein, K., & Head, M. (2007): Manipulating perceived social presence through the web interface and its impact on attitude towards online shopping. International Journal of Human-Computer Studies, 65(8), S. 689-708.

Hayes, J. B. (1999): Antecedents and consequences of brand personality (Doctoral dissertation, Mississippi State University. College of Business and Industry.).- 371 Seiten.

Heide, J.B. & Weiss, A.M. (1995): „Vendor Consideration and Switching Behavior for Buyers in High-Technology Markets“, in: Journal of Marketing, 59 (3), S. 30-43.

Heise (2014): Yahoo ignoriert Do Not Track bewusst, URL: http://www.heise.de/newsticker/meldung/Yahoo-ignoriert-Do-Not-Track-bewusst-2181926.html), (Stand: 16.09.2014).

Henseler, J., Ringle, C. M. & Sinkovics, R. (2009): The Use of Partial Least Squares Path Modeling, in: Advances in International Marketing, Vol. 20, S. 277-320.

Herrmann, A., Huber, F., & Kressmann, F. (2004): Partial Least Squares-Ein Leitfaden zur Spezifikation, Schätzung und Beurteilung varianzbasierter Strukturgleichungsmodelle. Zeitschrift für betriebswirtschaftliche Forschung, 1-35.

Hieronimus, F. (2003): Persönlichkeitsorientiertes Markenmanagement. Eine empirische Untersuchung zur Messung, Wahrnehmung und Wirkung der Markenpersönlichkeit. Frankfurt am Main: Lang.

Ho, S. Y. (2006): The attraction of internet personalization to web users.Electronic Markets, 16(1), S. 41-50.

Hoadley, C. M., Xu, H., Lee, J. J., & Rosson, M. B. (2010): Privacy as information access and illusory control: The case of the Facebook News Feed privacy outcry. Electronic commerce research and applications, 9(1), S. 50-60.

Hoffman, D. L., Novak, T. P., & Peralta, M. (1999). Building consumer trust online. Communications of the ACM, 42(4), 80-85.

Homburg, C., Koschate, N. & Becker, A. (2005): Messung von Markenzufriedenheit und Markenloyalität. Moderne Markenzufriedenheit. Gabler Verlag, 2005. S. 1393-1408.

Homburg, C.; Giering, A. & Hentschel, F. (1998): Der zusammenhang zwischen Kudnenzufriedenheit und Kundenbindung. In: Bruhn, M.: Homburg, C. (Hg.) (1998) Kundenbindungsmanagment – Grundlagen, Konzepte, Erfahrungen, Wiesbaden: Gabler, S. 81-112.

Hossain, M. M., & Prybutok, V. R. (2008): Consumer acceptance of RFID technology: an exploratory study. Engineering Management, IEEE Transactions on, 55(2), S. 316-328.

Huber, F., Herrmann, A., & Weis, M. (2001): Markenloyalität durch Markenpersönlichkeit: Ergebnisse einer empirischen Studie im Automobilsektor. Marketing: Zeitschrift für Forschung und Praxis, S. 5-15.

Huber, F., Vollhardt, K., Matthes, I. & Bogel, J. (2010): Brand misconduct: Consequences on consumer-brand relationships, in: Journal of Business Research, Vol. 63, S. 1113-1120.

Huber, F., Herrmann, A., Meyer, F., Vogel, J., & Vollhardt, K. (2007): Kausalmodellierung mit Partial Least Squares: Eine anwendungsorientierte Einführung. Springer-Verlag.

Huber, F., Herrmann, A., Kressmann, F. & Vollhardt, K. (2005a): Zur Eignung von kovarianz- und varianzbasierten Verfahren zur Schätzung komplexer Strukturgleichungsmodelle, Arbeitspapier, Universität Mainz.

Huber, F., Regier, S., Vollhardt, K. & Matthes, I. (2005b): Sportsponsoring effektiv einsetzen: Zu den Auswirkungen von Sponsoringmaßnahmen auf Einstellung und Kaufabsicht der Verbraucher, Arbeitspapier, Universität Mainz.

Hulland, J. (1999): Use of Partial Least Squares (PLS) in Strategic Management Research: A Review of Four Recent Studies, in: Strategic Management Journal, Vol. 20, S. 195-204.

Jacoby, J., & Chestnut, R. W. (1978): Brand loyalty measurement and management. In: New York: John Wiley & Sons, 1978.

Jacoby, J., & Olson, J. C. (1970): An attitudinal model of brand loyalty: conceptual underpinnings and instrumentation research. Purdue Papers in Consumer Psychology, 159, S. 14-20.

Jensen, M.C. & Meckling, W.H.(1976): Theory of the Firm: Managerial Behavior, Agency Costs and Ownership Structure, in: Journal of Financial Economics, S. 305 – 360.

Jensen, C., Potts, C., & Jensen, C. (2005): Privacy practices of Internet users: self-reports versus observed behavior. International Journal of Human-Computer Studies, 63(1), 203-227.

Junglas, I. A., Johnson, N. A., & Spitzmüller, C. (2008): Personality traits and concern for privacy: an empirical study in the context of location-based services. European Journal of Information Systems, 17(4), S. 387-402.

Kachhi, D. & Link, M. W. (2009): Too Much Information: Does the Internet Dig Too Deep?. Journal of Advertising Research, 49(1), S. 74-81.

Kartal, A., Doerfel, S., Roßnagel, A., & Stumme, G. (2011): Privatsphären-und Datenschutz in Community-Plattformen: Gestaltung von Online-Bewertungsportalen. in: INFORMATIK 2011 - Informatik schafft Communities, Berlin 2011 – 41. Jahrestagung der Gesellschaft für Informatik, S. 1-15.

Katz, R. (1983): Informationsquellen der Konsumenten: eine Analyse der Divergenzen zwischen der Beurteilung und Nutzung. Gabler.

Keller, K. L. (1993): Conceptualizing, measuring, and managing customer-based brand equity. The Journal of Marketing, 1-22.

Kolell, Andre (2011): Retargeting. Als Werbetreibender kann man mit Retargeting zwar vieles richtig, aber leider auch eine ganze Menge falsch machen, in: Leitfaden Online-Marketing. Band 2. URL: http://www.marketing-boerse.de/Fachartikel/details/ Retargeting, (Stand: 07.09.2014).

Krasnow, M.J. (2013): Mobile Application and Website Privacy Policies – It's Not Just About California. FinancialExecutive, S. 65-66.

Kumaraguru, P. & Cranor, L. F. (2005): Privacy Indexes: A Survey of Westin's Studies, Institute for Software Research International School of Computer Science Carnegie Mellon University. S. 1-22.

Kwon, K., Cho, J., & Park, Y. (2010): How to best characterize the personalization construct for e-services. Expert Systems With Applications, 37(3), S. 2232-2240.

Krafft, M., Götz, O. & Liehr-Gobbers, K. (2005): Die Validierung von Strukturgleichungsmodellen mit Hilfe des Partial-Least-Squares (PLS)-Ansatz, in: Bliemel, F./Eggert, A./Fassott, G./Henseler, J. (Hrsg.): Handbuch PLS-Pfadmodellierung – Methode, Anwendung, Praxisbeispiele, Stuttgart, S. 71-116.

Krasnova, H., Veltri, N. F., & Günther, O. (2012): Die Rolle der Kultur in der Selbstoffenbarung und Privatsphäre in sozialen Onlinenetzwerken. Wirtschaftsinformatik, 54(3), S. 123-133.

Kuß, Alfred (2006): Marketing-Einführung. Springer-Verlag, 3. Auflage, 310 Seiten.

Laczniak, R. N., Muehling, D. D., & Grossbart, S. (1989): Manipulating Message Involvement in Advertising Research. Journal Of Advertising, 18(2), S. 28-38.

Lambrecht, A., & Tucker, C. (2013): When does retargeting work? information specificity in online advertising. Journal of Marketing Research, 50(5), S. 561-576.

Laufer, R. S., & Wolfe, M. (1977): Privacy as a concept and a social issue: A multidimensional developmental theory. Journal of Social Issues, 33(3), S. 22-42.

Lee, M. C. (2009): Factors influencing the adoption of internet banking: An integration of TAM and TPB with perceived risk and perceived benefit. Electronic Commerce Research and Applications, 8(3), S. 130-141.

Levy, S. J. (1959): Symbols for sale. Harvard business review, 37(4), S. 117-124.

Li, H., Sarathy, R., & Xu, H. (2010): Understanding situational online information disclosure as a privacy calculus. Journal of Computer Information Systems, 51(1), S. 62-71.

Li, Y. (2012): Theories in online information privacy research: A critical review and an integrated framework. Decision Support Systems, 54(1), S. 471-481.

Li, Y. (2014): A multi-level model of individual information privacy beliefs. Electronic Commerce Research & Applications, 13(1), S. 32-44.

Liang, T.-P.; Lai, H.-J. & Ku, Y.-C. (2007): Personalized content recommendation and user satisfaction: Theoretical synthesis and empirical findings. Journal of Management Information Systems, 23 (3), S. 45-70.

Liao, C., Liu, C. C., & Chen, K. (2011): Examining the impact of privacy, trust and risk perceptions beyond monetary transactions: An integrated model. Electronic Commerce Research and Applications, 10(6), S. 702-715.

Lieven, T., & Tomczak, T. (2012): Emotionales Erleben der Markenpersönlichkeit durch verbales Mitarbeiterverhalten. In Erlebniskommunikation (pp. 73-95). Springer Berlin Heidelberg.

Lim, H., & Dubinsky, A. J. (2005): The theory of planned behavior in e-commerce: Making a case for interdependencies between salient beliefs. Psychology & Marketing, 22(10), S. 833-855.

Lipstein, B. (1959, September): The dynamics of brand loyalty and brand switching. In Proceedings of the fifth annual conference of the advertising research foundation (pp. 101-108). Advertising Research Foundation.

Luhmann,N. (1989): „Vertrauen: Ein Mechanismus der Reduktion sozialer Komplexität", Stuttgart: Enke, 1989.

Lwin, M. O. & Williams, J.D. (2004): A Model Integrating the Multidimensional Developmental Theory of Privacy and Theory of Planned Behavior to Examine Fabrication of Information Online. Marketing Letters, 14(4), S. 257-272.

Lyman, J. (2003): „Symantec report puts corporations, consumers in crosshairs". Technewsworld. http://www.technewsworld.com/perl/story/33142.html , Stand: 5.Oktober 2014.

Mäder, R. (2005): Messung und Steuerung von Markenpersönlichkeit: Entwicklung eines Messinstruments und Anwendung in der Werbung mit prominenten Testimonials. Gabler.

Mangiaracina, R., Brugnoli, G., & Perego, A. (2009): The eCommerce Customer Journey: A Model to Assess and Compare the User Experience of the eCommerce Websites. Journal of Internet Banking and Commerce, 14(3), S. 1-11.

Martineau, P. (1958): The personality of the retail store. S. 47-55.

Mattila, A. (1999): Consumers' value judgment. Cornell Hotel & Restaurant Administration Quarterly, 40,1, S. 40-46.

Meyer, A. & Oevermann, D. (1995): Kundenbindung, in: Tietz, B; Köhler, R, Zentes, J. (Hg.), Handwörterbuch des Marketing, 2. Aufl., Stuttgart: Schäffer-Poeschel, S. 1340-1351.

Milne, G.R. (1997): Consumer Participation in Mailing Lists: A Field Experiment. Journal of Public Policy and Marketing, 16, S. 298–309.

Milne, G.R., & Boza, M. (1999): Trust and Concern in Consumers' Perceptions of Marketing Information Management Practices. Journal of Interactive Marketing, 13(1), S. 5–24.

Milne, G. R. & Culnan, M. J. (2004): Strategies for reducing online privacy risks: Why consumers read (or don't read) online privacy notices. Journal Of Interactive Marketing (John Wiley & Sons), 18(3), S. 15-29.

Mitchell, A. A. & Olson, J.C. (1981): "Are Product a Beliefs the Only Mediator of Advertising Effects on Brand Attitude." Journal of Marketing Research, 18 (August), S. 318-332.

Miyazaki, A. D. (2008): Online privacy and the disclosure of cookie use: Effects on consumer trust and anticipated patronage. Journal of Public Policy & Marketing, 27(1), S. 19-33.

Montgomery, A. L., & Smith, M. D. (2009): Prospects for Personalization on the Internet. Journal of Interactive Marketing, 23(2), S. 130-137.

Morwitz, V.G., Johson, E. & Schnittlein, D. (1993): Does measuring intent change behavior? The Journal of Consumer Research, 20(1), S. 46-61.

Newman, J.W. & Staelin, R. (1972): Prepurchase Information Seeking for New Cars and Major Household Apliances. Journal of Marketing, 9(3), S. 249-257.

Nieschlag, R., Dichtl, E. & Hörschgen, H. (1994): Marketing, 17. Auflage, Berlin 1994.

Nowak, G. J., & Phelps, J. (1992): Understanding privacy concerns. An assessment of consumers' information-related knowledge and beliefs. Journal of Direct Marketing, 6(4), S. 28-39.

Oliver, R. L. (1999): Whence consumer loyalty? In: Journal of Marketing, 63, S. 33-44.

Ordelheide, D., Rudolph, B., & Büsselmann, E. (1991): Betriebswirtschaftslehre und ökonomische Theorie. Poeschel.

Park, B. (1986): A method for studying the development of impressions of real people. Journal of Personality and Social Psychology, Vol. 51(5), S. 907-917.

Pasadeos, Y. (1990): Perceived informativeness of and irritation with local advertising. Journalism & Mass Communication Quarterly, 67(1), S. 35-39.

Pavlou, P. A., Liang, H., & Xue, Y. (2007) : Understanding and mitigating uncertainty in online exchange relationships: a principal-agent perspective. MIS quarterly, S. 105-136.

Peppers, D. & Rogers, M. (1997): The one-to-one future. New York: Double Day Publications.

Phelps, J., Nowak, G., & Ferrell, E. (2000): Privacy Concerns and Consumer Willingness to Provide Personal Information. Journal of Public Policy and Marketing, 19(1), S. 27–41.

Pitchard, M.P., Howard, D.R. & Havitz, M. E. (1992): Loyalty Measurement: A Critical Examination and Theoratical Extension. Leisure Sciences, 4, S. 155-164.

Rensel, A. D., Abbas, J. M., & Rao, H. R. (2006): Private transactions in public places: an exploration of the impact of the computer environment on public transactional web site use. Journal of the Association for Information Systems, Vol. 7(1), S. 19-51.

Richardson, M., Dominowska, E., & Ragno, R. (2007, May): Predicting clicks: estimating the click-through rate for new ads. In Proceedings of the 16th international conference on World Wide Web (pp. 521-530). ACM.

Riemer, D. W. I. K. & Totz, C. (2003): The many faces of personalization. In: The Customer Centric Enterprise (S. 35-50). Springer Berlin Heidelberg.

Ringle, Christian M. (2004): Gütemaße für den Partial Least Squares-Ansatz zur Bestimmung von Kausalmodellen, Arbeitspapier, Universität Hamburg.

Roberts, M.L. (2003): Internet Marketing: Integrating Online and Offline Strategies, McGraw-Hill/Irwin.

Rook, D. W. (1985): The ritual dimension of consumer behavior. Journal of Consumer Research, S. 251-264.

Roselius, T. (1971): Consumer rankings of risk reduction methods. The journal of marketing, 56-61.

Roßnagel, A. (2007): Personalisierung in der E-Welt. Aus dem Blickwinkel der informationellen Selbstbestimmung gesehen. Wirtschaftsinformatik, 49, S. 8-15.

Rothschild, M., & Stiglitz, J. (1992): Equilibrium in competitive insurance markets: An essay on the economics of imperfect information (S. 355-375). Springer Netherlands.

Salisbury, W., Pearson, R., Pearson, A., & Miller, D. (2001): Identifying barriers that keep shoppers off the world wide web: developing a scale of perceived web security. Industrial Management & Data Systems, 101(4), S. 165-176.

Schiller, K. (1986): Analyse von markentreuem Kaufverhalten mit loglinearen Modellen (S. 366-374). Springer Berlin Heidelberg.

Schindler, N. (2008): Die Rolle der Markenpersönlichkeit für die kommunikative Führung einer Marke. Springer Fachmedien.

Schloderer, M., Ringle, C. & Sarstedt, M. (2009): Einführung in varianzbasierte Strukturgleichungsmodellierung: Grundlagen, Modellevaluation und Interaktionseffekte am Beispiel von SmartPLS, in: Meyer,A./Schwaiger, M. (Hrsg.): Theorien und Methoden der Betriebswirtschaft, München, S. 583-611.

Schmidt, E. & Cohen, J. (2013): The Central Paradox of the New Digital Age. New Perspectives Quarterly, 30, S. 9–13.

Schwarz, T. (2011): Leitfaden Online Marketing Band 2 / Kap. 7 Webanalyse Vollmert, M. Google Analytics und Datenschutz. ONLINE: http://shop. marketing-boerse. de, 547

Shamdasani, P. N., & Balakrishnan, A. A. (2000): Determinants of relationship quality and loyalty in personalized services. Asia Pacific Journal of Management, 17(3), S. 399-422.

Simonson, I. (2005): Determinants of customers' responses to customized offers: conceptual framework and research propositions. Journal of Marketing, Vol. 69(1), S. 32-45.

Sirgy, M. J. (1982): Self-concept in consumer behavior: a critical review. Journal of consumer research, S. 287-300.

Sirgy, M. J. (1986): Self-congruity: Toward a theory of personality and cybernetics. Praeger Publishers/Greenwood Publishing Group.

Smith, A. D. (2004): Cybercriminal impacts on online business and consumer confidence. Online Information Review, 28(3), S. 224-234.

Smith, W. R. (1956): Product differentiation and market segmentation as alternative marketing strategies. The Journal of Marketing, S. 3-8.

Stahlberg, D., Petersen, L.E., & Dauenheimer, D. (1996): Reaktionen auf selbstkonzeptrelevante Informationen: Der integrative Selbstschemaansatz, in: Zeitschrift für Sozialpsychologie, 27, 1996, S. 126-136.

Statista GmbH (2014a): Umfrage zur Verantwortung für den Datenschutz im Internet 2014, http://de.statista.com/statistik/daten/studie/243353/umfrage/verantwortung-fuer-den-datenschutz-im-internet/, (Stand: 11.10.2014).

Statista GmbH (2014b): Private E-Mail-Adressen pro Internetnutzer 2014, http://de.statista.com/statistik/daten/studie/29349/umfrage/anzahl-der-privaten-e-mail-adressen-pro-internetnutzer/, (Stand: 12.10.2014).

Stevenson, J. S., Bruner II, G. C., & Kumar, A. (2000): Webpage Background and Viewer Attitudes. Journal Of Advertising Research, 40(1/2), S. 29-34.

Stewart, K. A., & Segars, A. H. (2002): An empirical examination of the concern for information privacy instrument. Information Systems Research, Vol. 13(1), S. 36-49.

Strebinger, A., Otter, T. & Schweiger, G. (1998). Wie die Markenpersönlichkeit Nutzen schafft: Der Mechanismus der Selbstkongruenz, Arbeitspapier der Abteilung für Werbewirtschaft und Marktforschung Wirtschaftsuniversität Wien, August, 1998.

Subramanian, C. (2013): NSA Collects Online Address Books and Buddy Lists. Time.Com.

Sunikka, A., & Bragge, J. (2012): Applying text-mining to personalization and customization research literature–Who, what and where?, Expert Systems with Applications, 39 (11), S. 10049-10058.

Swann, W. B., Stein-Seroussi, A., & Giesler, R. B. (1992): Why people self-verify. Journal of personality and social psychology, 62(3), S. 392-401.

Tam, K. Y., & Ho, S. Y. (2006): Understanding the impact of web personalization on user information processing and decision outcomes. Mis Quarterly, S. 865-890.

Telekommunikationsgesetz (2013): Telekommunikationsgesetz. dfv Mediengruppe (Deutscher Fachverlag), Säcker (Hrsg.) (3., überarbeitete Auflage 2013.)

Tseng, M. M., & Piller, F. (2003): The customer centric enterprise-advances in mass customization and personalization.

Turow, J., King, J., Hoofnatle, C. J., Bleakley, A., & Hennesy, M. (2009): Americans Reject Tailored Advertising and Three Activities That Enable It. http://dx.doi.org/10.2139/ssrn.1478214, (Stand: 12.10.2014).

Vázquez, R., Del Río, A., & Iglesias, V. (2002): Consumer-based Brand Equity: Development and Validation of a Measurement Instrument. Journal Of Marketing Management, 18(1/2), S. 27-48.

Vogel, J. (2012): Grundlagen von Markenallianzen. In: Erfolgswirkungen von Markenallianzen. Springer Fachmedien Wiesbaden, S. 15-86.

Vroom, V. H. (1964): Work and motivation.Wiley, New York.

Wattal, S., Telang, R., Mukhopadhyay, T., & Boatwright, P. (2005): Examining the Personalization-Privacy Tradeoff – an Empirical Investigation with Email Advertisements.

West, S. E. & Wicklund, R.A. (1985): Einführung in sozialpsychologischen Denken, Weinheim.

Westin, A.F. (2003): Social and Political Dimensions of Privacy. Journal of Social issues, Vol. 59, No. 2, S. 1-37.

Wind, J., & Rangaswamy, A. (2001): Customerization: the next revolution in mass customization. Journal of interactive marketing, 15 (1), S. 13-32.

Winer, R. S. (2001): A Framework for Customer Relationship Management. California Management Review, 43(4), S. 89-105.

Wysong,W. S. ,IV. (2000): "This brand's for you": A conceptualization and investigation of brand personality as a process with implications for brand management.119 Seiten.

Xu, H., Luo, X. R., Carroll, J. M., & Rosson, M. B. (2011): The personalization privacy paradox: An exploratory study of decision making process for location-aware marketing. Decision Support Systems, 51(1), S. 42-52.

Yang, L. W., Cutright, K. M., Chartrand, T. L., & Fitzsimons, G. J. (2014): Distinctively Different: Exposure to Multiple Brands in Low-Elaboration Settings. Journal of Consumer Research, 40(5), S. 973-992.

Zeithaml, V. A. (1988): Consumer perceptions of price, quality, and value: a means-end model and synthesis of evidence, Journal of Marketing, S. 2-22.